Schnelleinstieg in die SAP®-Produktionsprozesse (PP), 2., erweiterte Auflage

Björn Weber

Willkommen bei Espresso Tutorials!

Unser Ziel ist es, SAP-Wissen wie einen Espresso zu servieren: Auf das Wesentliche verdichtete Informationen anstelle langatmiger Kompendien – für ein effektives Lernen an konkreten Fallbeispielen. Viele unserer Bücher enthalten zusätzlich Videos, mit denen Sie Schritt für Schritt die vermittelten Inhalte nachvollziehen können. Besuchen Sie unseren YouTube-Kanal mit einer umfangreichen Auswahl frei zugänglicher Videos:

https://www.youtube.com/user/EspressoTutorials.

Kennen Sie schon unser Forum? Hier erhalten Sie stets aktuelle Informationen zu Entwicklungen der SAP-Software, Hilfe zu Ihren Fragen und die Gelegenheit, mit anderen Anwendern zu diskutieren:

http://www.fico-forum.de.

Eine Auswahl weiterer Bücher von Espresso Tutorials:

- Daniel Niemeyer: Schnelleinstieg in SAP® SRM – Supplier Relationship Management *http://5032.espresso-tutorials.com*
- Ilona Bauer: Preisfindung und Konditionstechniken in SAP® SD *http://5039.espresso-tutorials.com/*
- Christine Kühlberger: Schnelleinstieg in die SAP®-Vertriebsprozesse (SD) *http://5007.espresso-tutorials.com*
- Björn Weber: Bedarfsplanung in der Produktion mit SAP® PP *http://5057.espresso-tutorials.com*
- Simone Bär: SAP® Agenturgeschäft (LO-AB): Zentralregulierung, Bonus und Provision *http://5061.espresso-tutorials.com*
- Claudia Jost: Schnelleinstieg in die SAP®-Einkaufsprozesse (MM) – 2. Auflage *http://5070.espresso-tutorials.de*
- Ingo Licha: Einkaufsorientierte Bedarfsplanung mit SAP® *http://5084.espresso-tutorials.com*
- Andreas Jansen: Schnelleinstieg in das SAP®-Produktkostencontrolling (CO-PC) *http://5099.espresso-tutorials.de*
- Tobias Götz, Anette Götz: Practical Guide to SAP® Transportation Management (2nd edition) *http://5082.espresso-tutorials.com*

All you can read:

Die SAP-
eBook-Bibliothek

- Ihr zentrales Nachschlagewerk für wichtige SAP-Themen
- 30 Tage kostenfreier Testzugang unter http://free.espresso-tutorials.de

Bibliografische Information der Deutschen Bibliothek
Die Deutsche Bibliothek verzeichnet diese Publikation in der Deutschen Nationalbibliografie; detaillierte bibliografische Daten sind im Internet über http://dnb.ddb.de abrufbar.

Björn Weber
Schnelleinstieg in die SAP®-Produktionsprozesse (PP), 2., erweiterte Auflage

ISBN: 978-3-9601-2550-1

Lektorat: Christine Weber

Coverdesign: Philip Esch, Martin Munzel

Coverfoto: Fotolia #74074507 | Herrndorff

Satz & Layout: Johann-Christian Hanke

Alle Rechte vorbehalten.

2., aktualisierte und erweiterte Aufl. 2016, Gleichen

© Espresso Tutorials GmbH

URL: *www.espresso-tutorials.de*

Das vorliegende Werk ist in allen seinen Teilen urheberrechtlich geschützt. Alle Rechte vorbehalten, insbesondere das Recht der Übersetzung, des Vortrags, der Reproduktion und der Vervielfältigung. Espresso Tutorials GmbH, Zum Gelenberg 11, 37130 Gleichen, Deutschland.

Ungeachtet der Sorgfalt, die auf die Erstellung von Text und Abbildungen verwendet wurde, können weder der Verlag noch Autoren oder Herausgeber für mögliche Fehler und deren Folgen eine juristische Verantwortung oder Haftung übernehmen.

Feedback:
Wir freuen uns über Fragen und Anmerkungen jeglicher Art. Bitte senden Sie diese an: *info@espresso-tutorials.com*.

Inhaltsverzeichnis

Vorwort — 7
    Danksagung — 9

1 Produktionsplanung — 11
    1.1 Planungsansätze — 11
    1.2 Planungsstrategien — 15
    1.3 Definition des Beispiels — 17

2 Konstruktion und Arbeitsvorbereitung — 21
    2.1 Materialstamm — 21
    2.2 Stückliste — 35
    2.3 Arbeitsplatz — 39
    2.4 Arbeitsplan — 48

3 Absatz- und Produktionsgrobplanung — 57
    3.1 Produktgruppen — 57
    3.2 Grobplanungprofil — 61
    3.3 Standard-SOP — 66
    3.4 Disaggregation und Übergabe der Bedarfe — 76
    3.5 Zusammenfassung — 83

4 Disposition — 85
    4.1 Bedarfe — 85
    4.2 Planaufträge — 85
    4.3 Material Requirements Planning — 87
    4.4 Auswertungen — 94
    4.5 Zusammenfassung — 101

5	Fertigungssteuerung		103
	5.1	Fertigungsauftrag	103
	5.2	Terminierung	108
	5.3	Verfügbarkeitsprüfung	113
	5.4	Auftragsfreigabe	116
	5.5	Materialentnahme	119
	5.6	Rückmeldungen	122
	5.7	Wareneingang zum Fertigungsauftrag	124
6	Kapazitätsplanung		129
	6.1	Kapazitätsauswertungen	129
	6.2	Kapazitätsabgleich	132
7	Zusammenfassung		139
A	Über den Autor		144
B	Index		145
C	Transaktionsübersicht		149
D	Disclaimer		151

Vorwort

Sehr geehrte Leserin, sehr geehrter Leser,

Sie haben sich für ein Tutorial zum Thema »Produktionsplanung im SAP ERP« entschieden. Dies legt zweierlei nahe: Zum einen steht Ihnen (vermutlich) nicht der Sinn nach langen, ausschweifenden Büchern zur SAP-Standardsoftware. Zum anderen haben Sie ein Interesse an der Produktionsplanung, sei es durch Ihr Studium oder bedingt durch Ihren Beruf, und möchten erfahren, wie diese im SAP ERP umgesetzt ist.

In den letzten Jahrzehnten hat die Produktionsplanung, wie überhaupt die gesamte industrielle Produktion, einen grundlegenden Wandel erfahren. Während in der Wirtschaftswunderzeit lange Lieferzeiten und eine begrenzte Produktauswahl, der sogenannte Verkäufermarkt, bestimmend waren, sind es gegenwärtig eine unüberschaubare Menge unterschiedlicher Angebote sowie eine kurzfristige Verfügbarkeit innerhalb nur weniger Tage, selbst bei kundenindividuellen Angeboten. Heutzutage herrscht ein Käufermarkt vor.

Diesen geänderten Gegebenheiten musste und muss sich nach wie vor die Produktionsplanung anpassen. Wo früher nur eine korrekte Berechnung der Komponentenbedarfsmengen (MRP: Material Requirements Planning) und eine möglichst hohe Auslastung der Produktionsressourcen für die Planung von Bedeutung waren, sind die Anforderungen heute ungleich höher. Natürlich sollen die Ressourcen noch immer bestmöglich genutzt werden. Gleichzeitig müssen jedoch die Produktion und damit auch die Planung hochgradig flexibel sein, um die Realisierung kurzfristiger Kundenwünsche ermöglichen zu können. Diese an und für sich schon konträren Ziele werden mit der Erwartung einer hohen Verlässlichkeit der Planung – also Termintreue – verknüpft. So wird die Planung immer komplexer und ist ohne Software-Unterstützung in der Regel nicht mehr zu leisten. Hier setzen das Modul PP (Produktionsplanung) des SAP ERP und andere Planungsprogramme an. Mit ihrer Hilfe können Produktionspläne generiert werden, die den genannten Rahmenbedingungen und Zielen entsprechen sowie deren Umsetzung überwachen.

In diesem Buch werden Ihnen die Grundlagen der Produktionsplanung im SAP ERP vorgestellt. In Kapitel 1 möchte ich Ihnen die dem Modul PP zugrunde liegenden Planungskonzepte darlegen und ein Beispiel skizzieren, das den nachfolgenden Kapiteln als Ausgangsbasis für die Prozessbeschreibungen dient. Dabei gehe ich nicht nur auf das Manufacturing Resource Planning (MRP II), sondern ebenfalls auf die planungsbestimmende Klassifizierung von Produkten anhand des Kundenentkopplungspunktes ein und erläutere in diesem Zusammenhang die Produktionsansätze Engineer-to-Order, Make-to-Order, Assemble-to-Order und Make-to-Stock.

Auf diesen Grundlagen aufbauend wird in Kapitel 2 erklärt, wie in der Konstruktions- und Arbeitsvorbereitungsphase die für die Planung notwendigen Stammdaten im SAP ERP angelegt werden und welche Bedeutung diese jeweils für die Produktionsplanung und -steuerung besitzen. Wie Sie im SAP ERP Absatzzahlen prognostizieren können und von diesen ausgehend ein Produktionsprogramm erstellen, zeige ich Ihnen in Kapitel 3. Auf Basis dieser Erläuterungen lernen Sie in Kapitel 4 die Funktion der Mengenbedarfsplanung und deren Realisierung kennen. Sie erfahren, welchen Einfluss die festgelegten Stammdaten auf die Planung haben und wie Sie deren Ergebnisse selbstständig analysieren können. Im anschließenden Kapitel 5 werden Ihnen die Fertigungssteuerung und die dabei verwendeten Fertigungsaufträge vorgestellt. Sie lernen, wie diese Elemente aufgebaut sind und welche Schritte sie im Laufe der Produktion durchlaufen. Zum Abschluss werde ich Ihnen in Kapitel 6 zeigen, wie im SAP ein Kapazitätsabgleich durchgeführt werden kann.

Dieses Buch soll Ihnen einen anschaulichen Einstieg in die Planungsprozesse mit SAP ERP bieten und Ihnen helfen, anstehende Aufgaben besser zu erfüllen. Schauen Sie aber auch über das hier beschriebene Vorgehen hinaus und probieren Sie andere Funktionen aus, um Prozesse noch effektiver zu gestalten. Letztendlich führen viele Wege nach Rom.

Danksagung

Dieses Buch ist all jenen gewidmet, die mit offenen Augen durch die Welt gehen und immer wieder von Neuem bereit für Veränderungen sind.

Meiner Frau und Lektorin danke ich für ihre Geduld und das Verständnis im Entstehungsprozess dieses Buches, sodass es mir gelang, mich auch in stressigen Zeiten auf das Essenzielle dieses Manuskriptes zu fokussieren.

An dieser Stelle möchte ich ebenfalls Jörg Siebert und Martin Munzel für ihre außergewöhnliche Vision danken, wichtigen SAP-Content in E-Books zu verpacken, die keine dicken Wälzer sein müssen.

Ich hoffe, dass sich auf diesem Wege auch viele Anwender, die ansonsten so häufig vor der Rezeption umfangreicher Fachbücher zurückschrecken, mit den breit gefächerten Möglichkeiten der SAP-Software beschäftigen. Ziel dieses Buches soll sein, dass diese Anwender und auch Sie, werter Leser, sich trauen, über den Rand der oft ausgetretenen Pfade hinauszuschauen und sich kritisch zu fragen: Können wir das, was wir – vielleicht seit der Einführung von SAP – bisher tun, nicht sogar noch verbessern? Ich hoffe, ich kann mit diesem Werk einen Beitrag dazu leisten.

Im Text verwenden wir Kästen, um wichtige Informationen besonders hervorzuheben. Jeder Kasten ist zusätzlich mit einem Piktogramm versehen, das diesen genauer klassifiziert:

Hinweis

Hinweise bieten praktische Tipps zum Umgang mit dem jeweiligen Thema.

Warnung

Warnungen weisen auf mögliche Fehlerquellen oder Stolpersteine im Zusammenhang mit einem Thema hin.

Video

Auf der Homepage von Espresso Tutorials können Sie sich ein Video ansehen.

Zum Abschluss des Vorwortes noch ein Hinweis zum Copyright: Sämtliche in diesem Buch abgedruckten Screenshots unterliegen dem Copyright der SAP SE. Alle Rechte an den Screenshots liegen bei der SAP SE. Der Einfachheit halber haben wir im Rest des Buches darauf verzichtet, darauf unter jedem Screenshot gesondert hinzuweisen.

1 Produktionsplanung

> »Nicht nachbedenken, sondern
> vorbedenken soll der weise Mann.«
> (Epicharm, um 550 v. Chr. bis um 460 v. Chr.)

In diesem Kapitel möchte ich Ihnen die Grundlagen der im SAP-System verwendeten Planungsansätze darlegen. Des Weiteren stelle ich Ihnen die wichtigsten Planungsstrategien vor und skizziere das in den folgenden Kapiteln verwendete Beispiel.

1.1 Planungsansätze

MRP II (*Manufacturing Resource Planning*) ist ein Planungskonzept, das aus der Mengenbedarfsrechnung (MRP) weiterentwickelt worden ist. Ausgehend von der Mengenrechnung, wurden hierbei vorhergehende und nachfolgende Planungsschritte definiert, die eine ganzheitliche Produktionsplanung ermöglichen sollten.

So wurden die Absatz- und Produktionsgrob- sowie die Produktionsprogrammplanung zur Festlegung der Primärbedarfsmengen vor die Mengenbedarfsrechnung gestellt, während zur Feinplanung die Terminierung unter Berücksichtigung begrenzter Kapazitäten an die MRP angefügt wurde. Die folgende Grafik (siehe Abbildung 1.1) zeigt alle Phasen des MRP-II-Konzeptes, auf die ich im Folgenden vertiefend eingehen werde.

Die Absatzplanung stellt eine Mengenaufstellung der geplanten Verkäufe von Produkten und Ersatzteilen dar. Sie kann sowohl auf aggregierter Ebene als auch auf Basis einzelner Materialien erfolgen.

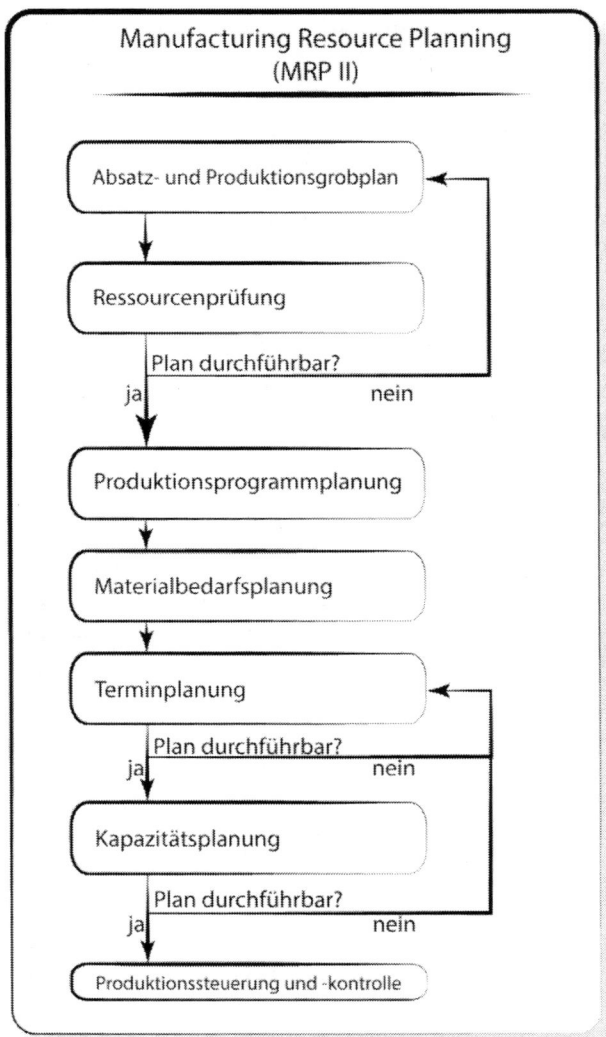

Abbildung 1.1: Planungsphasen des MRP-II-Konzeptes

Als Aggregationsebenen kommen z. B. Produktgruppen, Kunden sowie geografische Regionen infrage. Zeitlich lassen sich die Bedarfe beispielsweise als Wochen, Monate oder Quartale darstellen. Im Rahmen der *Produktionsgrobplanung* werden zu den ermittelten Absatzzahlen Produktionsmengen gebildet. Dabei können für eine möglichst akkurate Planung schon Bestandsreichweiten oder Produktionsintervalle berücksichtigt werden. Mithilfe von Grobplanungsprofilen lassen sich nun Belastungen erzeugen, um die Realisierbarkeit der Planung abzuschätzen. Diese Profile bilden den Ressourcenbedarf auf aggregierter Ebene ab und ermöglichen in Verbindung mit dem Kapazitätsangebot der entsprechenden Ressourcen eine erste Analyse hinsichtlich der Durchführbarkeit. Deren Ergebnis kann zu einer Überprüfung der Absatzvorgaben gemeinsam mit dem Vertrieb führen oder den Anreiz zur Planung von Investitionen in eine Erhöhung der Kapazitäten geben.

Anschließend erfolgt die Übergabe der plausibilisierten Bedarfszahlen an die Programmplanung. Hier werden die Bedarfe aufgeschlüsselt, welche bisher auf aggregierter Ebene (zeitlich wie hierarchisch) vorlagen. Dabei sind Sie nicht auf eine Gleichverteilung beschränkt, sondern können bspw. auch eine Verteilung entsprechend den Verbräuchen der Vergangenheit nutzen. Die nun verfügbaren *Planprimärbedarfe* auf Materialebene werden mit den eventuell bereits konkreten Kundenaufträgen verrechnet. Wie und in welchem Zeitraum dieser Abgleich erfolgt, bestimmt auch die für dieses Material festgelegte *Planungsstrategie* (vgl. Abschnitt 1.2).

Aus den Primär-, also den Plan- und Kundenbedarfen, ermittelt die Materialbedarfsplanung die notwendigen Mengen an Baugruppen, Komponenten, Normteilen und Rohstoffen. Dazu werden *Produktionslose* gebildet. Diese Planelemente haben einen Endtermin, eine Durchlaufzeit und eine Stückliste. Mit diesen Werten werden die Termine errechnet, zu denen die Mengen benötigt werden. Es erfolgt eine Verrechnung dieser Bedarfe mit den vorhandenen Beständen und den erwarteten Zugängen, um die möglicherweise noch zu beschaffende Materialmenge zu berechnen. Sollten im Rahmen der Durchlaufterminierung Zugangselemente erzeugt werden, welche die sie verursachenden Bedarfe nicht rechtzeitig decken können, so wird dies protokolliert, und der Disponent kann z. B. prüfen, ob sich die Durchlaufzeit verkürzen lässt. Sollte Letzteres nicht möglich sein, kann er eine Anpassung der Primärbedarfe an den ermittelten Engpass initiieren. Auf diese Weise ist an dieser Stelle die zweite Prüfebene der Realisierbarkeit gegeben.

Bevor die Fertigung mit der Umsetzung der Planung beginnt, kann der Disponent eine Kapazitätsplanung durchführen. Dabei vergleicht er die von den Bedarfsdeckern verursachten Kapazitätsbedarfe mit den zur Verfügung stehenden Kapazitätsangeboten. Wenn sich hierbei Überlastungssituationen abzeichnen, kann er mithilfe einer Plantafel eine gezielte Reihenfolgeplanung gegen das begrenzte Kapazitätsangebot durchführen und so die Überlastung auflösen. Es kann passieren, dass Zugangstermine für Komponenten hinter den Bedarfstermin rutschen. Dies kann eine Iteration der Mengenplanung erfordern.

Die Fertigungssteuerung überwacht und korrigiert die Durchführung der Produktion. Dazu gehören die Anlage und Freigabe von Fertigungsaufträgen, das Drucken der Fertigungspapiere sowie die Rückmeldung des Fertigungsfortschritts. Insbesondere Letzteres ist für die Disponenten von besonderer Relevanz, da sie anhand der Rückmeldungen erfahren, ob der Plan ordnungsgemäß abgearbeitet wird oder einer Anpassung bedarf.

Wie Sie sehen, ist das MRP-II-Konzept in Phasen unterteilt, die zwar interne Prüfschleifen aufweisen, untereinander aber lediglich durch eine gerichtete Weitergabe von Werten verknüpft sind. Dieser Aufbau hatte in den Anfängen der IT-Systeme, als Prozessorleistung und Arbeitsspeicher ernst zu nehmende Restriktionen darstellten, den ungemeinen Vorteil, dass jede Phase für sich betrachtet und modelliert werden konnte. Die entsprechend begrenzte Komplexität ermöglichte es, Systeme zu programmieren, die in endlicher Zeit Lösungen berechnen konnten. Infolgedessen etablierte sich der MRP-II-Ansatz in den meisten Unternehmensprogrammen.

Heutzutage wird versucht, eine Verknüpfung von Mengen- und Kapazitätsplanung zu erreichen. Hierbei kommen unterschiedliche Ansätze zum Einsatz:

- ▶ Heuristiken,
- ▶ lineare Optimierung,
- ▶ komplexe Plantafeln.

Doch auch in den vorgelagerten Prozessen der Absatz- und Produktionsgrobplanung gibt es Weiterentwicklungen zur Vereinfachung der Planungsaktivitäten:

- ▶ weniger Aggregationsebenen,
- ▶ Berücksichtigung von logistischen Kapazitäten,
- ▶ detailiertere Bedarfsprofile.

1.2 Planungsstrategien

Ein für die Planung entscheidendes Kriterium ist der *Kundenentkopplungspunkt*. Dieser beschreibt einerseits, ab welchem Schritt in der Wertschöpfungskette der Kundenauftrag die Beschaffung »zieht«, ab wann also klar ist, für welchen Kunden etwas produziert wird. Andererseits definiert er, bis zu welchem Schritt die Beschaffung aus einer Vorplanung oder einer Prognose heraus »geschoben«, d. h. nur anonym produziert wird (siehe Abbildung 1.2).

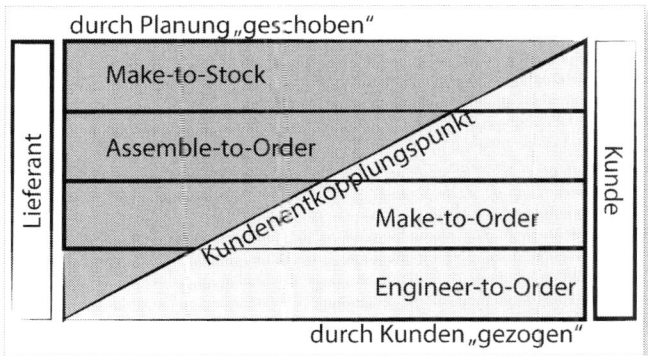

Abbildung 1.2: Planungsstrategien und Kundenentkopplungspunkt

Make-to-Stock beschreibt die einfachste Planungsstrategie. Bei dieser wird ein Produkt, bis es im Versandlager eintrifft, nur aufgrund einer Vorplanung inklusive aller Komponenten beschafft und gefertigt. Diese Strategie ermöglicht eine gut aufeinander abgestimmte Produktion aller Komponenten sowie eine hohe Auslastung der Produktionsmittel und gewährleistet von allen Strategien die kürzesten Lieferzeiten. Diesen Vorteilen steht allerdings das Risiko einer Überproduktion und der daraus resultierenden zu hohen Bestände gegenüber. Aber auch eine knappe Planung kann problematisch sein, da sie die Flexibilität der Fertigung (häufig) einschränkt. Dann können eine drohende Unterdeckung kaum verhindert und damit die erwartete Lieferzeit nicht oder nur schwerlich realisiert werden.

Mithilfe der Strategie *Assemble-to-Order* wird versucht, das Bestandsrisiko etwas abzumildern. Dazu werden lediglich die Komponenten planungsgetrieben beschafft bzw. gefertigt. Die Montage hingegen erfolgt erst nach Eingang eines Kundenauftrags. Wie stark der erhoffte Effekt der geringeren Bestände ist, hängt maßgeblich davon ab, wie hoch der Wertschöpfungsanteil der Montage ist. Auch gilt: Je variantenreicher ein Produkt, desto größer ist der Nutzen dieser Strategie, da kein so hoher Wert in den weniger benötigten Varianten gebunden ist. Voraussetzung zur erfolgreichen Umsetzung dieser Strategie ist eine flexible Montage, mit deren Hilfe die Kundenanforderungen an die Lieferzeit umgesetzt werden können.

Als *Make-to-Order* bezeichnet man den Ansatz, bei dem fertig konstruierte und für die Produktion aufbereitete Produkte erst auf Kundenwunsch hin gefertigt werden. Da in der Regel nicht mehr als der Rohstoff im Unternehmen gelagert wird, ist die Lieferzeit bei dieser Strategie deutlich länger als bei den vorhergehenden Ansätzen. Um dennoch eine vom Kunden geforderte kurze Lieferzeit zu ermöglichen, müssen die Maschinen – und insbesondere die Mitarbeiter – flexibel, also bei Bedarf einsetzbar sein. Ein Vorteil besteht darin, dass das Bestandsrisiko bei diesem Ansatz minimiert ist.

Engineer-to-Order schließlich beschreibt ein Konzept für vom Kunden beauftragte Produkte, die bei Auftragseingang noch nicht konstruiert sind und einzeln gefertigt werden müssen. Diese Strategie impliziert die längste Lieferzeit der vorgestellten Ansätze, und für die Planung wird noch ein anderes Problem sichtbar: Da ein geordertes Produkt bislang noch nicht genau definiert wurde, fällt die genaue Planung des Liefertermins besonders schwer.

Normalerweise wird man sich mit Erfahrungswerten ähnlicher Produkte behelfen, um die Lieferzeit zu ermitteln. Doch was ist mit den Komponenten? Ihre Beschaffung kann erst gestartet werden, wenn die Konstruktion abgeschlossen ist. Zu hoch ist die Gefahr, dass dieses eine Mal beispielsweise nicht der Standardstahl, sondern ein besonderer verwendet wird. Dieses spezielle Material bzw. das außergewöhnliche Kaufteil stellen das größte Risiko für die Termineinhaltung dar. Wenn erst nach der Konstruktion klar ist, was benötigt wird, ist es manchmal für eine pünktliche Bestellung schon zu spät.

	Wiederbeschaffungszeit	Bestandsrisiko	Produktionsflexibilität
Make-to-Stock	nicht vorhanden	hoch	gering
Assemble-to-Order	gering	gering	mittel
Make-to-Order	hoch	nicht vorhanden	hoch
Engineer-to-Order	sehr hoch	nicht vorhanden	hoch

Tabelle 1.1: Vor- und Nachteile der Produktionsstrategien

1.3 Definition des Beispiels

Im weiteren Verlauf des Buches werde ich Ihnen anhand eines Beispiels die einzelnen Prozesse zur Produktionsplanung im SAP-System aufzeigen. Damit Sie die Abbildungen aus den einzelnen Transaktionen besser nachvollziehen und einordnen können, stelle ich Ihnen zunächst kurz das verwendete Beispielprodukt vor.

In diesem Buch soll es um ein Fahrrad gehen. Wir betrachten also ein Unternehmen, das Fahrräder herstellt. Die Produktion erfolgt nach der Make-to-Stock-Strategie (siehe Abschnitt 1.2). Das bedeutet, dass für das verkaufsfähige Produkt Planprimärbedarfe des Vertriebes vorhanden sind, die den erwarteten Absatz darstellen. Da das Fahrrad unseres Beispiels in Teilen neu konstruiert werden soll, sind zu Beginn der Planung noch nicht alle Stammdaten angelegt. Bevor die Produktionsplanung erfolgen kann, müssen diese also noch erstellt werden.

Das Fahrrad in unserem Beispiel hat die Materialbezeichnung ET-F-WT500. Es besteht aus einem Rahmen komplett (ET-1010), der selbst hergestellt wird, sowie einem Vorder- (ET-1005) und einem Hinterrad (ET-1006), zwei Pedalen (ET-1007), der Fahrradkette (ET-1013) sowie der Gangschaltung komplett (ET-1014). Die zuletzt genannten Komponenten werden alle von anderen Zulieferern gekauft. Die Baugruppe Fahrradrahmen komplett besteht aus dem Rahmen (ET-1011), der Gabel (ET-1012), dem Sattel (ET-1003) und dem Lenker (ET-1004). Eine Skizze für den Zusammenbau sehen Sie in Abbildung 1.3. Neu entwickelte Teile sind:

- ▶ ET-F-WT500 – Fahrrad WT500,
- ▶ ET-1014 – Gangschaltung KP,
- ▶ ET-1011 – Fahrradrahmen und daher auch
- ▶ ET-1010 – Fahrradrahmen KP.

SAP ERP kennt unterschiedliche organisatorische Elemente, wovon das *Werk* das für die Produktion und deren Planung entscheidende ist. Sämtliche Prozesse für dieses Beispiel erfolgen im Werk 1200. Alle weiteren relevanten Stammdaten und Definitionen sind im folgenden Kapitel zu finden.

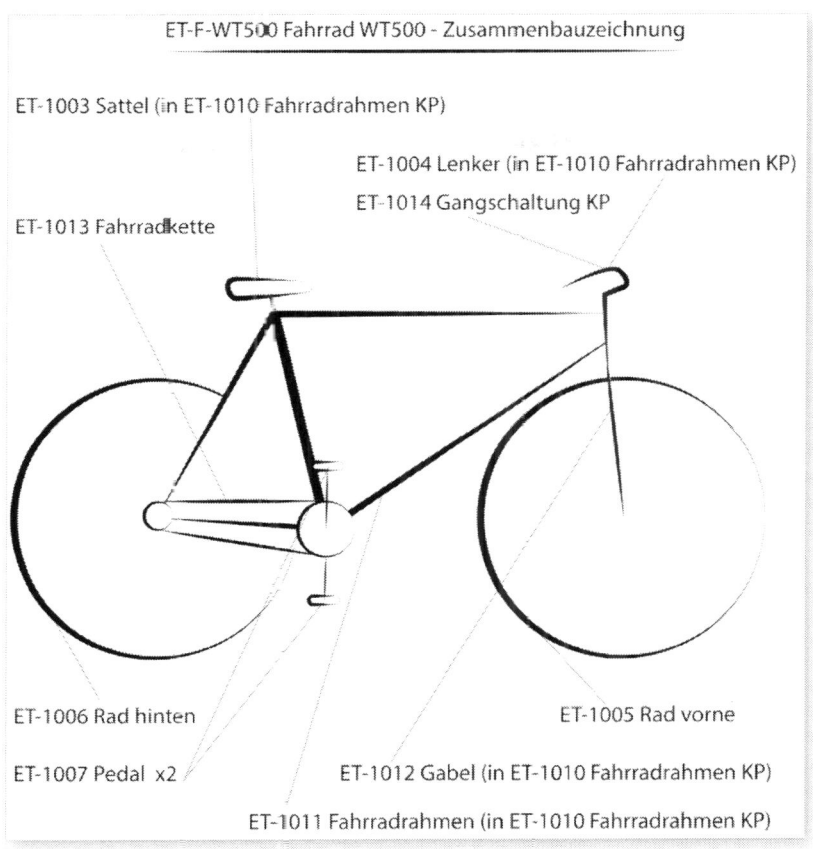

Abbildung 1.3: Darstellung des Beispielproduktes

2 Konstruktion und Arbeitsvorbereitung

Während der Phase der Konstruktion und Arbeitsvorbereitung erfolgt die Festlegung der Stammdaten, welche für die spätere Produktionsplanung und -steuerung benötigt werden.

In diesem Kapitel werde ich Ihnen die für die Planung erforderlichen Stammdaten und ihre Bedeutung näher erläutern. Zunächst skizziere ich die Konstruktionsdaten »Materialstamm« und »Stückliste«, um die Basis für die Erläuterung der Produktionsdaten »Arbeitsplatz« und »Arbeitsplan« zu schaffen.

2.1 Materialstamm

In unserem Beispiel (vgl. Abschnitt 1.3) wurde ein neues Fahrrad designt, welches nun von der Konstruktionsabteilung detailliert werden soll. Dazu gehört, dass die Materialstammdaten und alle neuen Komponenten für das Produkt in SAP ERP angelegt werden, um die Eingabe weiterer Stammdaten zu ermöglichen.

Der Materialstamm enthält grundlegende Angaben zur Beschreibung des Materials sowie Parameter zur Steuerung der Unternehmensprozesse. Er besteht aus mehreren Sichten, in denen die Werte ihren Geltungsbereichen (Konstruktion, Vertrieb, Produktion etc.) entsprechend gruppiert sind. Einzelne Perspektiven haben konzernweite Gültigkeit, andere beziehen sich auf bestimmte organisatorische Einheiten, wie z. B. ein Werk oder eine Einkaufsorganisation.

Die Vertriebssicht enthält beispielsweise Daten, welche für den Vertriebsprozess wichtig sind, etwa Rabattgruppen. Diese Angaben gelten nur für die entsprechende Vertriebsorganisation. Die Buchhaltungssicht enthält beispielsweise Bewertungsklassen, um das Material für die Buchführung richtig einzuordnen, die nur für den entsprechenden Buchungskreis gelten. Für die Produktionsplanung sind vier Sichten von Interesse:

- ▶ Grunddatensicht (konzernweit),
- ▶ Dispositionssicht (werksabhängig),
- ▶ Arbeitsvorbereitungssicht (werksabhängig) und
- ▶ Prognosesicht (werksabhängig).

Der Konstrukteur wird zunächst nur die Grunddatensicht erstellen können, während die restlichen Sichten im weiteren Verlauf der Arbeitsvorbereitung angelegt und gefüllt werden.

Die Sicht GRUNDDATEN 1 enthält elementare Informationen zu den Materialien. Neben Materialnummer und Materialtext sind dies:

- ▶ die Basismengeneinheit,
- ▶ das Kürzel der zuständigen Konstruktionsgruppe,
- ▶ Angaben zum Gewicht,
- ▶ Angaben zu Größe/Abmessung u. v. a.

Für das vorliegende Beispiel legt der Konstrukteur jetzt die Materialstämme für das komplette Fahrrad ET-F-WT500, den neuen Rahmen, die neue Gangschaltung und die neue Baugruppe »Fahrradrahmen KP« an. Hierzu ruft er je Material im SAP ERP die Transaktion MM01 auf (SAP MENÜ • LOGISTIK • PRODUKTION • STAMMDATEN • MATERIALSTAMM • MATERIAL • ANLEGEN ALLGEMEIN), und es öffnet sich das in Abbildung 2.1 dargestellte Einstiegsbild:

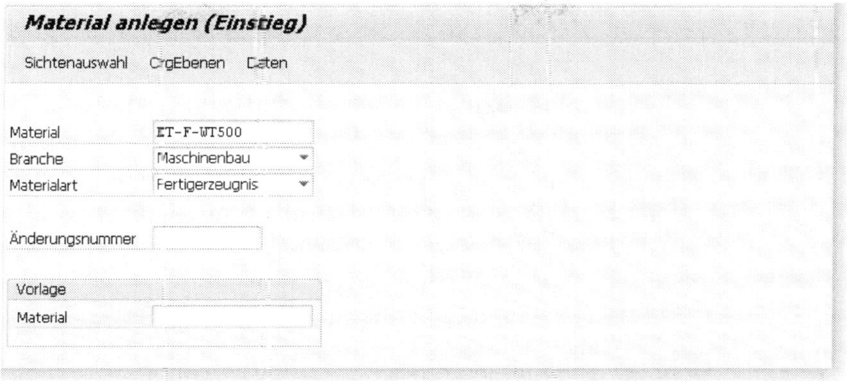

KONSTRUKTION UND ARBEITSVORBEREITUNG

Abbildung 2.1: Material anlegen (Einstieg)

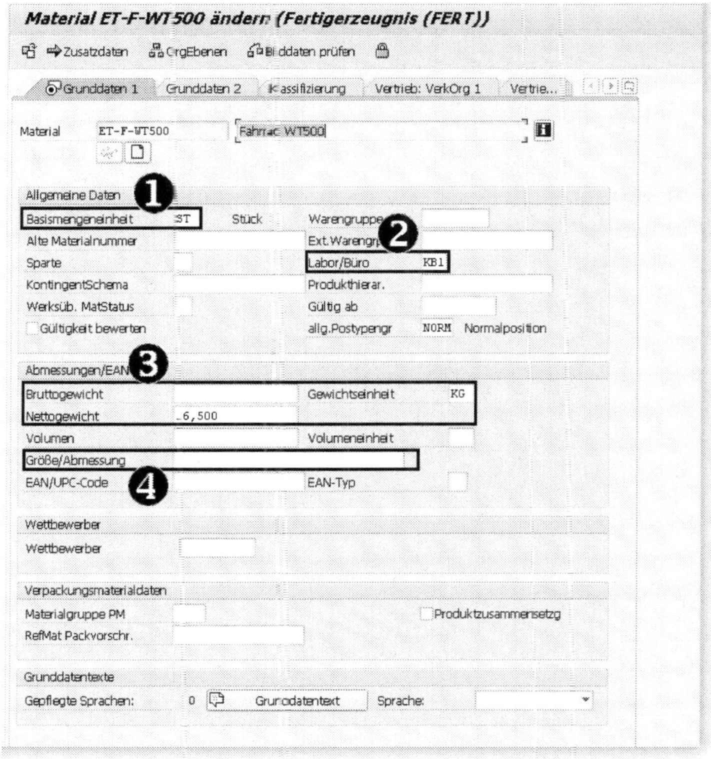

Abbildung 2.2: Materialstammsicht – Grunddaten 1

Er trägt nun die MATERIALnummer (für das fertige Fahrrad ET-F-WT500) ein und wählt die BRANCHE (für das Fahrrad z. B. Maschinenbau) sowie die MATERIALART (hier Fertigerzeugnis) aus.

Nach dem Bestätigen mit [Enter] öffnet sich die erste Grunddatensicht (siehe Abbildung 2.2), auf welcher der Konstrukteur seine Konstruktionsgruppe KB1 im Feld LABOR/BÜRO auswählt ❷, die BASISMENGENEINHEIT ST (für »Stück«) eingibt ❶ und das NETTOGEWICHT ❸ sowie die ABMESSUNGEN ❹ aus seinen Konstruktionsunterlagen übernimmt. Auf dem Registerblatt GRUNDDATENSICHT 2 wird er für den Rahmen den Werkstoff (z. B. Aluminium) eintragen und Verweise zu seinen bereits abgelegten Konstruktionsdokumenten erstellen.

Alle weiteren Komponenten in unserem Beispiel sind von bereits bestehenden Fahrrädern übernommen worden und brauchen folglich nicht mehr angelegt zu werden. Erst wenn alle Materialstämme in SAP erstellt sind, kann der Konstrukteur die *Stückliste* erzeugen.

Die weiteren drei Sichten werden entweder bereits jetzt angelegt und mit nachfolgend zu konkretisierenden Standardwerten gefüllt oder gänzlich zu einem späteren Zeitpunkt von den verantwortlichen Arbeitsplanern bzw. Disponenten eingerichtet. Ich möchte sie Ihnen dennoch nachfolgend kurz vorstellen.

Die DISPOSITIONSSICHT bietet vier Registerkarten, über die alle Parameter zur Beschaffung des Materials eingestellt werden können. Die darin enthaltenen Werte legen die Produktionsplanung und -steuerung für den Artikel fest. Hier werden beispielsweise die Einstellungen zu folgenden Kriterien getroffen:

- ▶ Fremdbeschaffung oder Eigenfertigung,
- ▶ plan- oder verbrauchsgesteuerte Disposition,
- ▶ Größe des Beschaffungsloses,
- ▶ Kundeneinzel- oder anonyme Lagerfertigung,
- ▶ Sicherheitsbestand
- ▶ usw.

Wir werden diese Sichten für das Material ET-F-WT500 nun gemeinsam anlegen. Dazu öffnen wir die Transaktion MM01 (über SAP MENÜ • LOGISTIK • PRODUKTION • STAMMDATEN • MATERIALSTAMM • MATERIAL • ANLEGEN ALLGEMEIN) und geben die Materialnummer ein. Da die Grunddaten dieses Materials bereits angelegt wurden, ergänzt das SAP ERP die Daten zu Branche und Materialart. In dem Pop-up, welches nun erscheint wählen wir die Sichten DISPOSITION 1, DISPOSITION 2, DISPOSITION 3, DISPOSITION 4 und ARBEITSVORBEREITUNG aus, indem wir auf die zugehörige Schaltfläche links neben der Bezeichnung klicken. Wenn wir mit dem »grünen Haken« bestätigt haben, wählen wir auf dem nächsten Bild das WERK 1200 aus und bestätigen erneut.

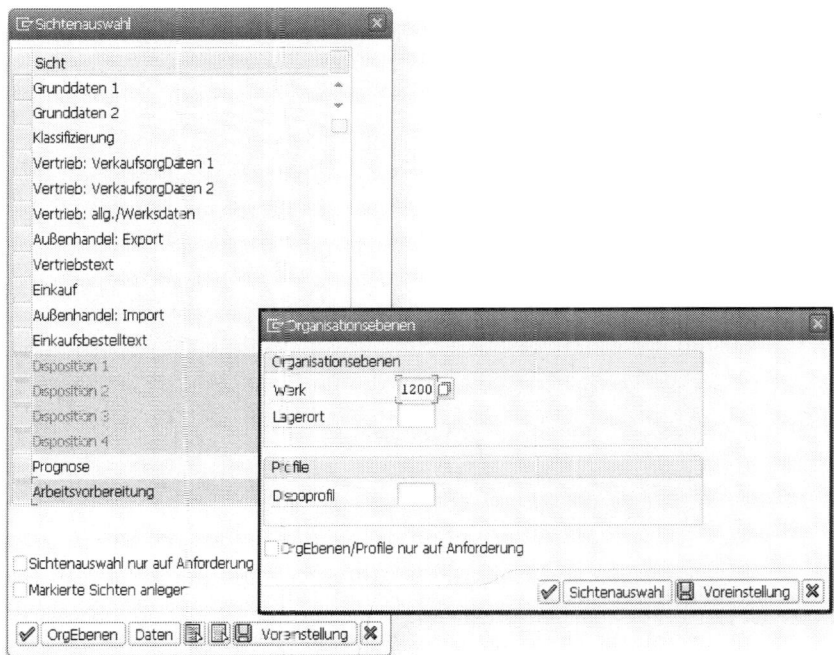

Abbildung 2.3: Sichtenauswahl und Organisationsebenen

> **Dispoprofil**
>
>
> Dispositionsprofile ermöglichen dem Nutzer, Einstellungen der *Dispositionssicht* zusammenzufassen und als Vorschlagswerte zu speichern. Bei der Anlage eines neuen Materials werden die im Profil hinterlegten Felder dann schon vorbelegt. So lässt sich der Anlage- und Pflegeprozess vereinfachen.
>
> Die Transaktionen zur Pflege der Dispositionsprofile finden Sie über SAP MENÜ • LOGISTIK • PRODUKTION • STAMMDATEN • MATERIALSTAMM • PROFIL • DISPOSITIONSPROFIL.
>
> Beim Anlegen der Dispositionssicht wählen Sie das Profil dann im Fenster ORGANISATIONSEBENEN (siehe Abbildung 2.3) aus.

Wir sehen jetzt als Erstes die Registerkarte DISPOSITION 1 (Abbildung 2.4). Sie enthält neben den ALLGEMEINEN DATEN die Parameter zum DISPOVERFAHREN und die LOSGRÖßENDATEN.

Das DISPOMERKMAL ist ein Pflichtfeld; da wir für das Fertigprodukt Vorplanungsbedarfe erhalten, soll das Material plangesteuert disponiert werden. Hier wählen wir daher PD aus. Damit der zuständige DISPONENT später auch die Planung analysieren kann, tragen wir im entsprechenden Feld seinen Schlüssel 000 ein. Der Beschaffungsvorschlag soll immer eine Woche abdecken, und so wählen wir WB als DISPOSITIONSLOSGRÖßE. Weitere Einstellungen bei den Losgrößendaten brauchen wir für unser Produkt nicht.

Wenn wir nun mit [Enter] bestätigen, überprüft das SAP ERP, ob alle Pflichtfelder ausgefüllt wurden, und springt zur nächsten Registerkarte. Sollten notwendige Felder nicht ausgefüllt worden sein, so erhalten wir eine Warn- oder Fehlermeldung im unteren Abschnitt des SAP-Fensters.

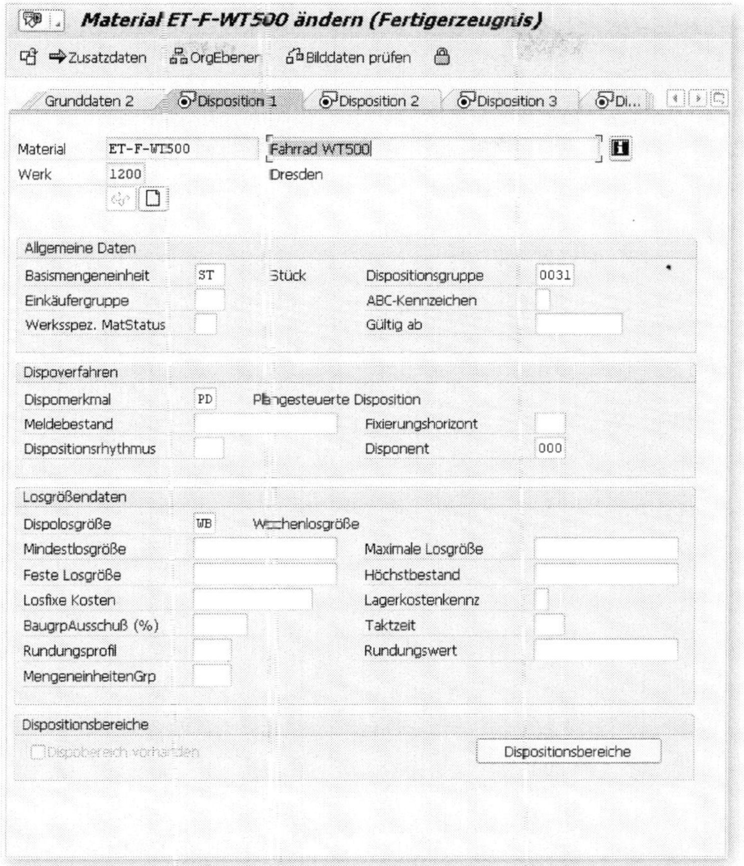

Abbildung 2.4: Materialstammsicht – Disposition 1

Auf der Registerkarte DISPOSITION 2 (siehe Abbildung 2.5) sehen wir Werte zu den Bereichen BESCHAFFUNG, TERMINIERUNG und NETTOBE-DARFSRECHNUNG.

Da wir das Fahrrad ausschließlich selbst montieren, wählen wir die BESCHAFFUNGSART E (steht für »Eigenfertigung«). Wir erfassen auch den PRODUKTIONSLAGERORT – den Lagerort, von dem die Komponenten entnommen werden und an den das fertige Produkt geliefert wird (hier: 0002).

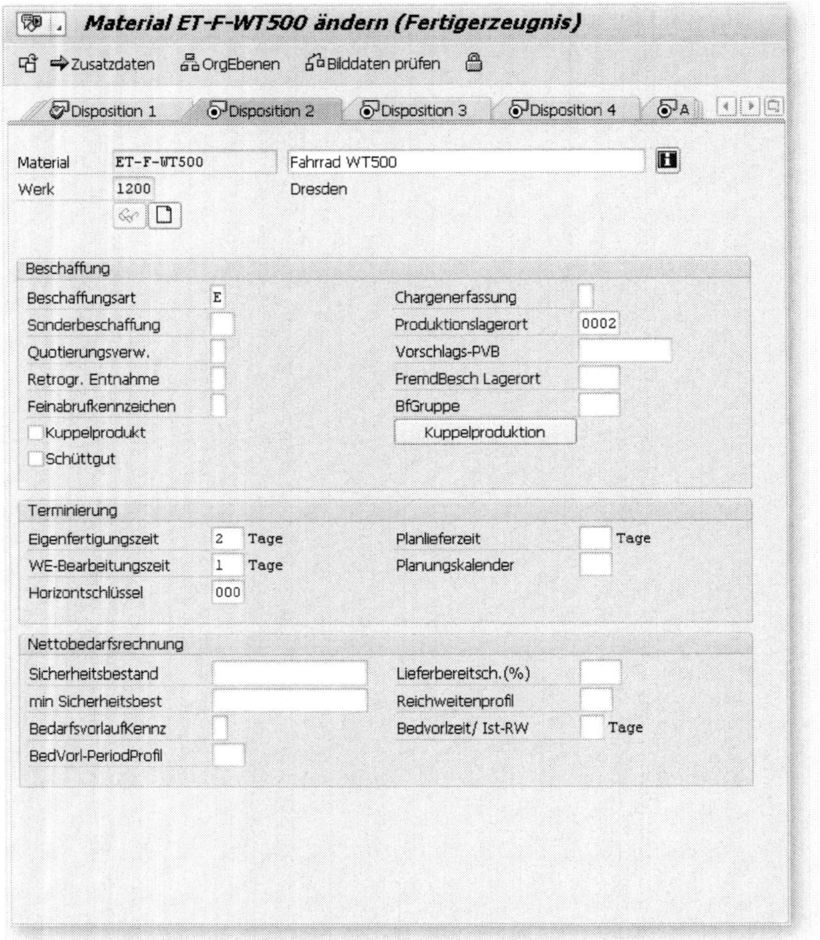

Abbildung 2.5: Materialstammsicht – Disposition 2

Da wir das Material selbst herstellen, sollten wir eine EIGENFERTIGUNGSZEIT eintragen; hier wählen wir 2 Tage, weil die durchschnittliche Wochenproduktion eines Fahrradtyps wie in unserem Beispiel zwei Tage dauert. Als WE-BEARBEITUNGSZEIT wählen wir 1 Tag. Diese Zeit sagt aus, dass nach dem Ende des Auftrags ein Tag vergehen muss, bis der Bestand für Bedarfe zur Verfügung steht. Dieser zeitliche Puffer kann im tatsächlichen Ablauf unterschiedliche Ursachen haben: beispielsweise eine Quarantänezeit, die vergeht, bis alle Qualitätsergebnisse vorliegen, oder entsprechend benötigte Zeit, bis die Versandverpackung angebracht wurde. Der HORIZONTSCHLÜSSEL 000, den wir hier eintragen, bestimmt die unterschiedlichen Terminierungspuffer, die in Abschnitt 5.2 detaillierter beschrieben werden.

Da für dieses Material keine Sicherheitsbestände vorgesehen werden, sind hier keine Eintragungen notwendig.

Auf der Registerkarte DISPOSITION 3 (siehe Abbildung 2.7) nehmen wir nun einige Einstellungen bzgl. des *Vorplanungsverhaltens* vor. Wir wählen die STRATEGIEGRUPPE 40 (»Vorplanung mit Endmontage«) aus.

Die Strategiegruppe steuert das Verhalten von Primärbedarfen – sowohl Kunden- als auch Planbedarfen – und auch, wie sie in die Bedarfsplanung einfließen. Mit der Strategie »Vorplanung mit Endmontage« werden sowohl Kunden- als auch Vorplanungsbedarfe in der Bedarfsplanung berücksichtigt. Diese versucht allerdings, die beiden Bedarfe miteinander zu verrechnen, da der Vorplanungsbedarf nur Ausdruck eines erwarteten Kundenauftrags ist. Dieses Verhalten wird mit dem *Verrechnungsmodus* und den *Verrechnungsintervallen* gesteuert. Der Verrechnungsmodus legt fest, in welche zeitliche Richtung vom Kundenauftrag ausgehend nach Planprimärbedarfen zur Verrechnung gesucht wird. Die Verrechnungsintervalle geben die Anzahl der Tage ausgehend vom Kundenauftrag an, welche in die Vergangenheit bzw. Zukunft gesucht werden soll (vgl. Abbildung 2.6).

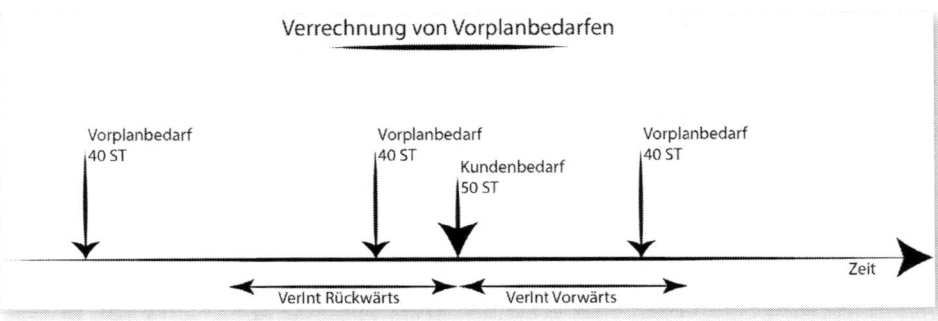

Abbildung 2.6: Verrechnung von Vorplanbedarfen

Das Fahrrad in unserem Beispiel soll einen wöchentlichen Planprimärbedarf erhalten – dieser wird vom SAP ERP immer am Montag einer Woche eingespielt. Damit sich nun Kundenaufträge, die im Lauf der Woche ausgeliefert werden sollen, nur mit dem Planprimärbedarf ihrer Woche verrechnen, stellen wir den VERRECHNUNGSMODUS 1 »Ausschließlich Rückwärtsverrechnung« ein und ein VERINT RÜCKWÄRTS von 5 Tagen. Dadurch wird bei jedem Kundenauftrag versucht, bis zu fünf Tage rückwärts einen Vorplanbedarf zu finden, mit dem die Kundenauftragsmenge verrechnet werden kann (vgl. Abschnitt 4.1).

Bei dem Feld VERFÜGBARKEITSPRÜFUNG wählen wir die 01. Dieser Parameter steuert, wie die *ATP-Prüfung* (siehe Abschnitt 5.3) auf dieses Material erfolgt. Bei dem Fertigprodukt wird diese Prüfung aus einem Kundenauftrag, bei einer Komponente aus dem Montageauftrag heraus erfolgen, und die Einstellung »01« reicht in unserem Beispiel aus.

Was genau die unterschiedlichen Einstellungen zur VERFÜGBARKEITSPRÜFUNG bewirken, hängt von Ihren Systemeinstellungen ab. In Abschnitt 5.3 schauen wir uns gemeinsam die Verfügbarkeitsprüfung eines Montageauftrags an.

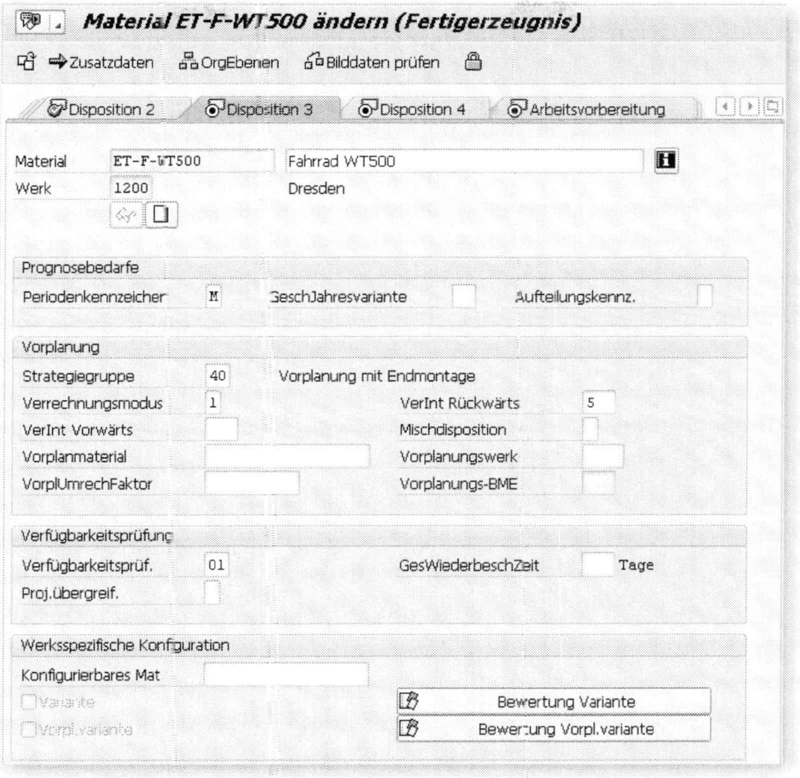

Abbildung 2.7: Materialstammsicht – Disposition 3

Auf der Registerkarte DISPOSITION 4 (siehe Abbildung 2.8) müssen wir für unser Beispiel keinen Eintrag vornehmen, da die STÜCKLISTENAUFLÖSUNG und die Auswahl von Fertigungsversionen nicht relevant sind.

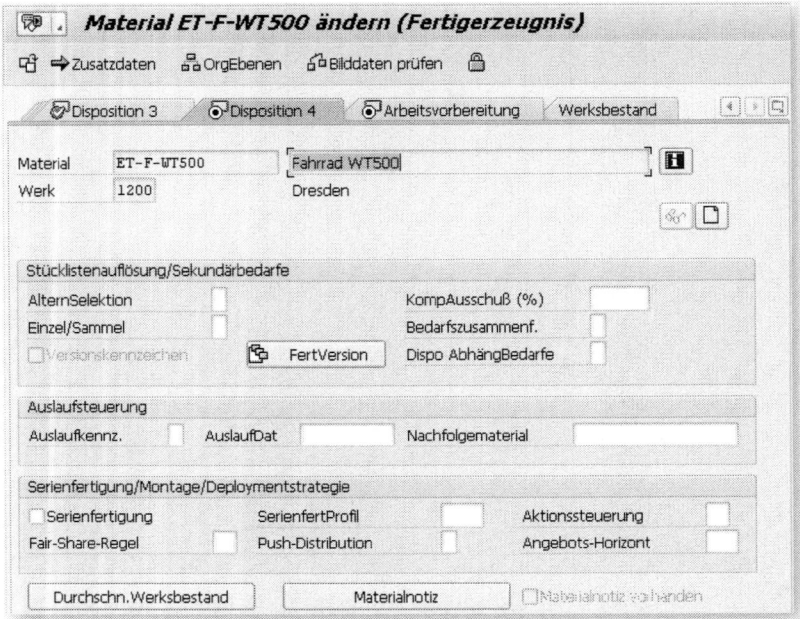

Abbildung 2.8: Materialstammsicht – Disposition 4

Auf der Sicht ARBEITSVORBEREITUNG (siehe Abbildung 2.9) sind wichtige Parameter für die Fertigungsdurchführung einzutragen, so z. B.:

- das Kürzel des zuständigen FERTIGUNGSSTEUERERS,
- der PRODLAGERORT, an den das Material nach der Herstellung geliefert wird,
- eine Chargen- oder Serialisierungspflicht,
- die EIGENFERTIGUNGSZEIT IN TAGEN.

Für unser Fahrrad hinterlegen wir hier den Fertigungssteuerer und das FERTIGUNGSSTPROFIL. Über letztere Eingabe wird gesteuert, welche Fertigungsauftragsart für dieses Material vorgeschlagen wird. Das spart später erneut Zeit, wenn diese Aufträge angelegt werden (vgl. Kapitel 5).

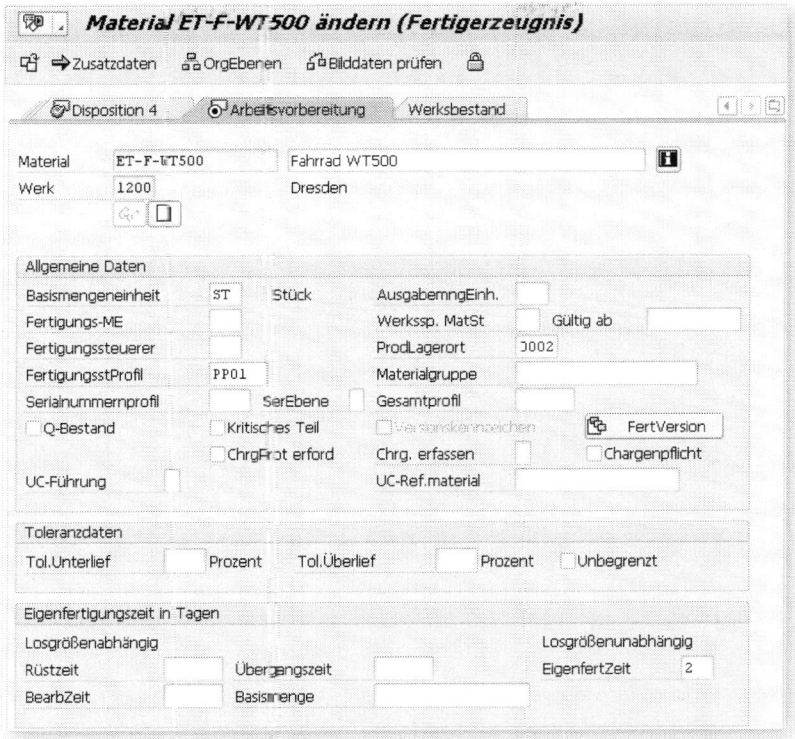

Abbildung 2.9: Materialstammsicht – Arbeitsvorbereitung

Abbildung 2.10 zeigt die Sicht PROGNOSE, welche alle zur Durchführung einer Materialprognose notwendigen Daten enthält und die Grundlage für eine verbrauchsgesteuerte Disposition bildet. Die wichtigsten Parameter beziehen sich auf:

- ▶ das Prognoseverfahren,
- ▶ den Vergangenheitszeitraum und
- ▶ das Prognoseintervall.

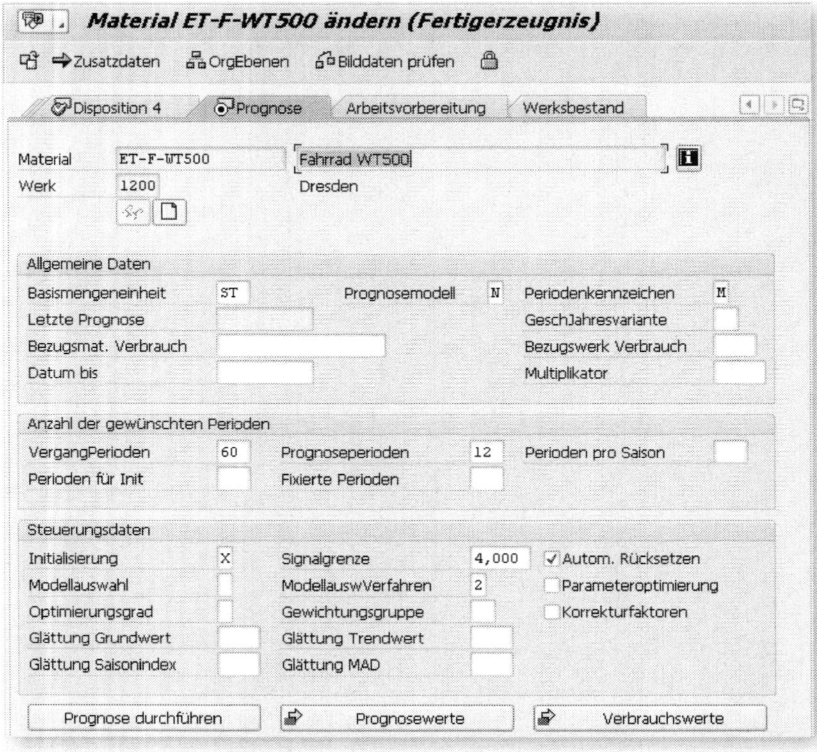

Abbildung 2.10: Materialstammsicht – Prognose

Materialstammsichten für die Produktionsplanung anlegen

Diese kurze Video-Demonstration zeigt Ihnen, wie Sie in der Praxis den Materialstamm im Modul PP um die Dispositions- und Fertigungsdaten ergänzen: *http://pp.espresso-tutorials.de/*

> **Literaturhinweis**
>
>  Sehr detailliert erklärt Matthew Johnson in seinem Buch »The SAP Material Master – a Practical Guide« den Aufbau von und den besten Umgang mit dem Materialstamm in SAP. Erschienen ist das Buch 2013 im Verlag Espresso Tutorials.

2.2 Stückliste

Als *Stückliste* bezeichnet man in SAP ERP eine strukturierte Sammlung von Elementen. Da diese ganz unterschiedlich sein können, kennt SAP diverse Typen von Stücklisten. Dabei ist nicht die Art der Darstellung für die Unterscheidung ausschlaggebend, sondern der Inhalt bzw. die Verwendung der Liste. In SAP stehen u. a. folgende Stücklistentypen zur Auswahl:

- Materialstücklisten,
- Dokumentenstücklisten,
- Auftragsstücklisten,
- Projektstücklisten.

Eine *Materialstückliste* beschreibt den Aufbau eines Materials aus einzelnen Komponenten oder weiteren Baugruppen und stellt den am häufigsten genutzten Stücklistentyp dar. Eine *Dokumentenstückliste* strukturiert komplexe Dokumente. So kann beispielsweise die Dokumentation einer Anlage aus einem Handbuch, aus elektrischen und hydraulischen Schaltplänen sowie aus technischen Zeichnungen bestehen, die alle einzeln abgelegt worden sind. *Auftrags-* und *Projektstücklisten* sind in der Regel Materialverzeichnisse, die nur für einen bestimmten Auftrag oder ein bestimmtes Projekt gelten. Mit ihnen können Besonderheiten (z. B. kundenindividuelle Anpassungen des Produktes) erfasst werden, ohne die grundlegende Stückliste zu verändern.

Eine Stückliste besteht aus dem Kopf und einer oder mehreren Positionen. Ersterer enthält grundlegende Informationen, beispielsweise zur Basismenge der Stückliste oder der verantwortlichen Konstruktionsgruppe (Labor/Büro), sowie eine freie Beschreibung der Stücklistenalternative und deren Status (aktiv oder inaktiv).

Jede Stücklistenposition enthält genau eine Komponente. Außerdem werden hier die zur Erstellung der Basismenge benötigte Anzahl sowie der Positionstyp (z. B. Lagerposition oder Textposition) der Komponente und andere, für spezielle Anwendungen notwendige Steuerparameter gespeichert.

Diese Steuerparameter finden Sie in der Detailsicht der Stücklistenposition. Auf vier Registerkarten können hier Werte wie Komponentenausschuss, Entnahmelagerort oder erweiterte Texte eingegeben werden. Mit der jeweiligen Stücklistenposition lassen sich auch Dokumente verknüpfen. Dies können Konstruktionszeichnungen oder Handling-Hinweise sein.

Werte in Materialstamm und Stückliste

Einige Werte des Materialstamms können auch in der Stücklistenposition gepflegt werden – beispielsweise der Komponentenausschuss. Wenn beide Felder gepflegt sind, hat der Wert in der Stückliste Vorrang vor dem im Materialstamm.

Dies ist immer dann von Vorteil, wenn der Wert je nach Anwendung oder Prozess unterschiedlich ausfällt. So ist es beim Komponentenausschuss beispielsweise möglich, dass dieser beim Einsatz in einer bestimmten Stückliste höher ausfällt als im Durchschnitt.

Wie in Abschnitt 1.3 beschrieben, handelt es sich bei dem Fahrrad und dem Rahmen KP um neue Materialien. Im vorhergehenden Abschnitt haben wir die Materialstämme angelegt, nun werden wir die Stücklisten im ERP hinterlegen. Dazu rufen wir die TRANSAKTION CS01 auf (Pfad: SAP MENÜ • LOGISTIK • PRODUKTION • STAMMDATEN • STÜCK-

LISTEN • STÜCKLISTE • MATERIALSTÜCKLISTE), geben die Materialnummer des Fahrrades (ET-F-WT500), die Nummer des Werks (1200) sowie die Stücklistenverwendung (1 für »Fertigung«) ein und starten die Transaktion über die [Enter]-Taste. In der sich nachfolgend öffnenden Positionsübersicht pflegen wir für jede Stücklistenposition die Materialnummer der Komponente, den Positionstyp »L« für ein bestandsgeführtes Material und die in unserem Fall benötigte Menge (siehe Abbildung 2.11) – die Mengeneinheit wird vom ERP nach Betätigen der [Enter]-Taste automatisch aus den Materialstammdaten der Komponente gelesen. Der Haken in der Spalte BGR (Baugruppe) ❶ zeigt an, dass für diese Position selbst eine Stückliste vorhanden ist – es sich also um eine weitere Baugruppe handelt. Durch einen Doppelklick auf den Haken könnten wir in diese Stückliste abspringen. Wir wollen uns aber zunächst einmal die Kopfdaten der neuen Stückliste anschauen. Dazu klicken wir auf das -Icon ❷.

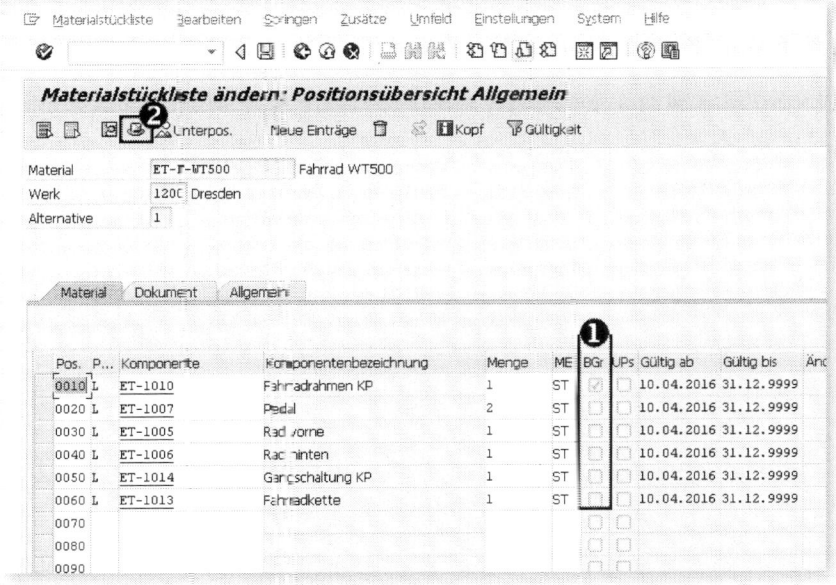

Abbildung 2.11: Materialstückliste – Positionsübersicht

37

Hier (Abbildung 2.12) kontrollieren wir, dass die BASISMENGE – also die Anzahl an Fahrrädern, die mit den Mengen der Stücklistenpositionen hergestellt wird – genau »1« beträgt, denn dafür haben wir die Stückliste ja ausgelegt. Den Losgrößenbereich, für den diese Stückliste gilt, schränken wir nicht weiter ein. Als STÜCKLTEXT geben wir `Fahrrad WT500 im Werk Dresden`, im WERK 1200 für DRESDEN ein. Anschließend können wir die Stückliste mit einem Klick auf 💾 speichern und verlassen.

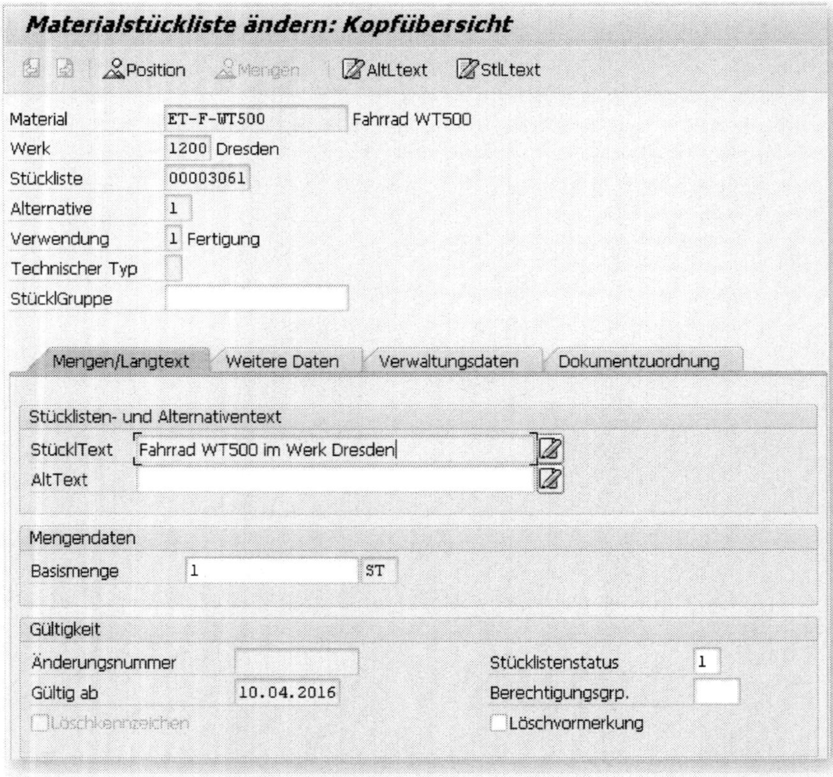

Materialstückliste ändern: Kopfübersicht

Material	ET-F-WT500 Fahrrad WT500
Werk	1200 Dresden
Stückliste	00003061
Alternative	1
Verwendung	1 Fertigung
Technischer Typ	
StücklGruppe	

Mengen/Langtext | Weitere Daten | Verwaltungsdaten | Dokumentzuordnung

Stücklisten- und Alternativentext

StücklText	Fahrrad WT500 im Werk Dresden
AltText	

Mengendaten

Basismenge	1 ST

Gültigkeit

Änderungsnummer		Stücklistenstatus 1
Gültig ab	10.04.2016	Berechtigungsgrp.
☐ Löschkennzeichen		☐ Löschvormerkung

Abbildung 2.12: Materialstückliste, Kopfübersicht

Konzernstückliste

Wenn Sie eine Stückliste anlegen, ohne ein Werk einzutragen, dann legen Sie eine sogenannte *Konzernstückliste* an.

In der Produktionsplanung können Sie diese aber aufgrund des fehlenden Werksbezuges nicht verwenden. Sie müssen zunächst eine Werksstückliste anlegen, indem Sie die Transaktion CS01 erneut ausführen und diesmal ein Werk angeben. Sie können dann mit der Schaltfläche 🗂 die Konzern- in die Werksstückliste kopieren, brauchen also nicht alles neu einzugeben.

Falls Sie vergessen sollten, das Werk einzugeben, und somit eine Konzernstückliste anlegen, werden Sie mittels einer Warnmeldung in der untersten Leiste des SAP-GUI darauf aufmerksam gemacht.

Eine Stückliste anlegen

Verfolgen Sie anhand dieses Videos, wie Sie in SAP PP eine Stückliste einrichten:

http://pp.espresso-tutorials.de/

2.3 Arbeitsplatz

Der *Arbeitsplatz* beschreibt im Kontext von SAP PP eine organisatorische Einheit, in der der gesamte Produktionsauftrag oder dessen einzelne Schritte durchgeführt werden. Er kann beispielsweise eine Maschine oder einen Handarbeitsplatz repräsentieren, ebenso eine Maschinengruppe oder eine ganze Abteilung. Dabei ist er stets einem Werk als übergeordneter Organisationseinheit zugeordnet. Arbeitsplätze werden in SAP PP benötigt, um im Arbeitsplan zu beschreiben,

39

welcher Mitarbeiter oder welches Betriebsmittel einen Vorgang durchführt bzw. wo dies vonstattengeht. Über den Arbeitsplatz erfolgt eine Verknüpfung mit den SAP-Modulen CO (für die Kosten- und Leistungsrechnung) sowie HR (für die Lohn- und Gehaltsabrechnung).

Um seine Funktionen erfüllen zu können, vereint der Arbeitsplatz eine Vielzahl von Parametern. Den wichtigsten definieren Sie bereits bei seiner Anlage: Mit der ARBEITSPLATZART (siehe Abbildung 2.13) werden u. a. das Layout und die zur Verfügung stehenden Parameter des Arbeitsplatzes festgelegt. Typische Arbeitsplatzarten, die zum SAP-Standard gehören, sind u. a.:

- ► Maschine,
- ► Maschinengruppe,
- ► Person und
- ► Personengruppe.

Da für das neue Fahrrad keine neuen Arbeitsplätze benötigt werden, schauen wir uns den bestehenden Arbeitsplatz »Schweißen« im Ändern-Modus an. Dazu öffnen wir die Transaktion CR02 aus SAP MENÜ • LOGISTIK • PRODUKTION • STAMMDATEN • ARBEITSPLÄTZE • ARBEITSPLATZ. Im Selektionsbild geben wir das WERK 1200 und den ARBEITSPLATZ ET-WC-01 ein.

Die GRUNDDATEN (siehe Abbildung 2.13) enthalten Angaben zum Arbeitsplatz-Verantwortlichen, zum STANDORT des Arbeitsplatzes sowie dazu, in welchem Plantyp (vgl. Abschnitt 2.4) er verwendet werden darf. Die eingestellte PLANVERWENDUNG 009 bedeutet, dass dieser Arbeitsplatz in jedem Plantyp einsetzbar ist.

Ein wichtiges Feld ist der VORGABEWERTSCHLüSSEL ❶. Er legt fest, welche Leistungen für die Produktion an diesem Arbeitsplatz entscheidend sind. Diese Informationen werden anschließend für die Terminierung, Kapazitätsbedarfsermittlung und Kostenberechnung genutzt. Wir erkennen hier, dass der Arbeitsplatz ein Personenarbeitsplatz ist, für ALLE PLANTYPEN zugelassen ist und die drei Vorgabewerte RÜSTZEIT, MASCHINENZEIT und PERSONALZEIT umfasst.

Abbildung 2.13: Arbeitsplatzsicht – Grunddaten

Die Registerkarte VORSCHLAGSWERTE (siehe Abbildung 2.14) enthält verschiedene Parameter – beispielsweise den VORLAGENSCHLÜSSEL für Textvorlagen oder Lohnarten, die beim Erstellen der Arbeitspläne automatisch vorgeschlagen werden, um den Erstellungsaufwand zu reduzieren.

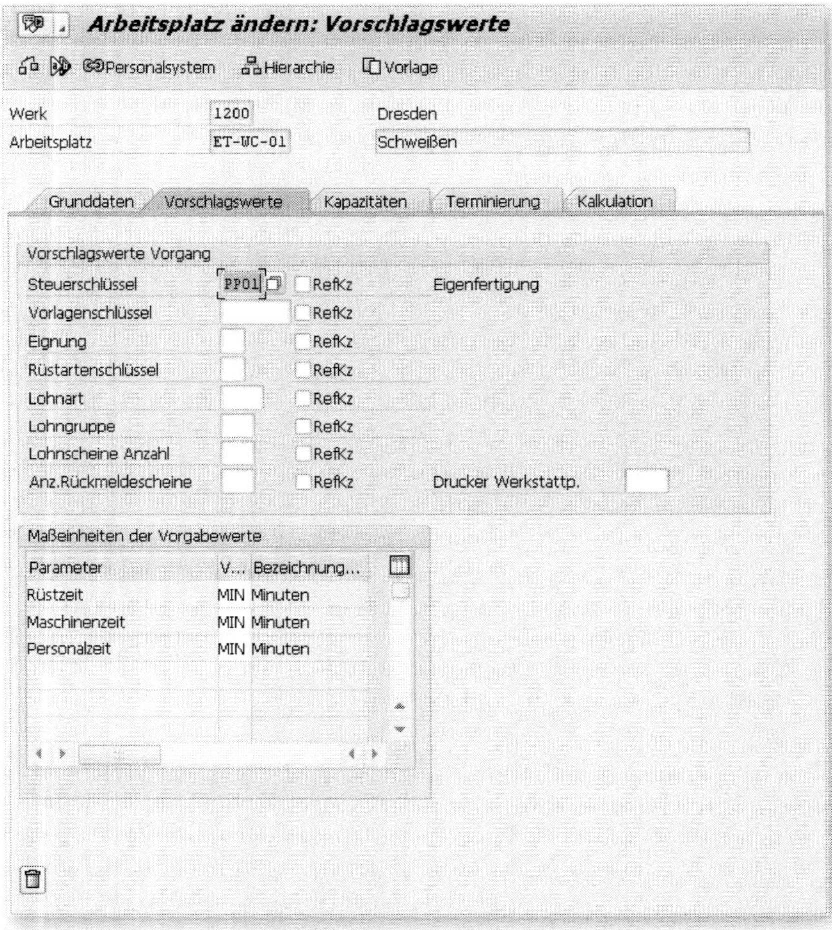

KONSTRUKTION UND ARBEITSVORBEREITUNG

Abbildung 2.14: Arbeitsplatzsicht – Vorschlagswerte

Auf der Registerkarte KAPAZITÄTEN (siehe Abbildung 2.15) wird die Art der Arbeitsplatzkapazität eingestellt; deren Pflege erfolgt über die entsprechende Funktion ❶ aus dem Arbeitsplatz heraus oder direkt über die Transaktion CR12 (vgl. Abschnitt 6.2). Wenn wir den Arbeitsplatz neu anlegen, springt SAP nach Betätigen der Enter-Taste automatisch zur Sicht der Arbeitsplatzkapazität.

Mögliche KAPAZITÄTSARTen sind:

- Maschine,
- Person und
- Fremdbearbeitung.

Auch wenn ein Arbeitsplatz einerseits aus Personen und andererseits aus Maschinen besteht, reicht es aus, hier nur die für die Planung entscheidende Kapazität einzustellen; in unserem Beispielarbeitsplatz SCHWEIßEN ist dies die KAPAZITÄTSART 002 (PERSON). Zur Berechnung des Kapazitätsbedarfs aus den Vorgabewerten wurden entsprechende Standard-Formeln ausgewählt, welche von SAP so voreingestellt sind ❷.

Abbildung 2.15: Arbeitsplatzsicht – Kapazitäten

Poolkapazität

Es besteht auch die Möglichkeit, eine *Poolkapazität* einzubinden, sodass mehrere Arbeitsplätze beispielsweise auf einen Personalpool zugreifen können.

Über die Arbeitsplatzkapazität wird das Kapazitätsangebot des Arbeitsplatzes gesteuert. Wir haben hier die Möglichkeit, ein pauschales Angebot ❶ oder ein zeitlich variierendes Schichtangebot ❷ einzustellen (siehe Abbildung 2.16). Für die Verwendung der SCHICHTEN wählen wir die GRUPPIERUNG 51 aus. Unter diesem Schlüssel sind sowohl ein Zwei-Schicht- als auch ein Drei-Schicht-Plan verfügbar.

Abbildung 2.16: Arbeitsplatzkapazität

Die Anzahl der Einzelkapazitäten (»2«) gibt in unserem Beispiel an, dass diesem Arbeitsplatz zwei Schweißer zugeordnet sind, der Haken VON MEHREREN VORGÄNGEN BELEGBAR steuert, dass diese beiden Personen auch zur selben Zeit jeweils an unterschiedlichen Aufträgen arbeiten können. Wir sehen also, dass die beiden Mitarbeiter jeweils acht Stunden am Tag (Pausenzeit nicht eingerechnet) arbeiten und der Arbeitsplatz folglich ein KAPAZITÄTsangebot von 16 Stunden täglich hat.

Wie die *Durchführungszeit* ermittelt wird, regeln Sie über Einstellungen auf der Registerkarte TERMINIERUNG (siehe Abbildung 2.17).

Kapazitätsart

Es ist unerlässlich, die KAPAZITÄTSART (in unserem Beispiel 002) auf der Registerkarte TERMINIERUNG einzutragen, denn die Terminberechnung muss zu *genau einer* Kapazitätsart erfolgen. Diese muss auch zwingend auf der Registerkarte KAPAZITÄTEN eingegeben worden sein, da die Kapazitätsart ein Pflichtfeld ist und man ansonsten die Registerkarte TERMINIERUNG nicht verlassen kann.

Auch hier sind entsprechende Formeln zur Berechnung anzugeben. Aus den Werten ORTSGRUPPE und WARTEZEIT bildet sich die Übergangszeit zu einem anderen Arbeitsplatz. Beide Werte haben gegenüber dem Arbeitsplan eine geringere Priorität. Das bedeutet, dass die Werte aus dem Arbeitsplatz nur genutzt werden, wenn im Arbeitsplan keine Werte gepflegt wurden.

```
┌──────────────────────────────────────────────────────────────────┐
│ [🖉] Arbeitsplatz ändern: Terminierung                           │
│                                                                  │
│ 🔲 📂 🔗Personalsystem  🏛Hierarchie  📋Vorlage                    │
│                                                                  │
│ Werk          1200           Dresden                             │
│ Arbeitsplatz  ET-UC-01       Schweißen                           │
│                                                                  │
│  ╱Grunddaten╲╱Vorschlagswerte╲╱Kapazitäten╲╱Terminierung╲╱Kalkulation╲ │
│  ┌─────────────────────────────────────────────────────────────┐ │
│  │ Terminierungsbasis                                          │ │
│  │ Kapazitätsart     002        Person                         │ │
│  │ Kapazität                    Schweißen                      │ │
│  └─────────────────────────────────────────────────────────────┘ │
│  ┌─────────────────────────────────────────────────────────────┐ │
│  │ Formeln zur Berechnung der Durchführungszeit                │ │
│  │ Dauer Rüsten       SAP001 ▣   Fert.: Dauer Rüsten           │ │
│  │ Dauer Bearbeiten   SAP003 ▣   Fert.: Dauer Person           │ │
│  │ Dauer Abrüsten                                              │ │
│  │ Dauer Eigenbearb.                                           │ │
│  └─────────────────────────────────────────────────────────────┘ │
│  ┌─────────────────────────────────────────────────────────────┐ │
│  │ Übergangszeiten                                             │ │
│  │ Ortsgruppe                                                  │ │
│  │ Nor. Wartezeit    6,000   H   Min. Wartezeit                │ │
│  └─────────────────────────────────────────────────────────────┘ │
│  ┌─────────────────────────────────────────────────────────────┐ │
│  │ Dimension und Maßeinheit der Arbeit                         │ │
│  │ Arbeit Dimension                                            │ │
│  │ Arbeit Einheit                                              │ │
│  └─────────────────────────────────────────────────────────────┘ │
│                                                                  │
│  🗑  🖨 Kapazität  🔍 Formel  📐 Formel  Formelkonstanten          │
└──────────────────────────────────────────────────────────────────┘
```

Abbildung 2.17: Arbeitsplatzsicht – Terminierung

Die KALKULATION (siehe Abbildung 2.18) schließlich enthält die Verknüpfungen zu den Modulen CO und HR. Hier erfolgt die Zuweisung des ARBEITSPLATZES zu einer KOSTENSTELLE des Kostenrechnungskreises, dem das WERK zugeordnet ist. Jede Leistung aus dem Vorgabewertschlüssel wird mit einer LEISTUNGSART der Kosten- und Leistungsrechnung verknüpft. Zusätzlich wird die Formel *Berechnungsvorschrift* eingegeben. Über das LEISTUNGSLOHNKENNZEICHEN werden jene Leistungen markiert, für die eine Fortschreibung in das HR-Modul zur Lohnberechnung notwendig ist.

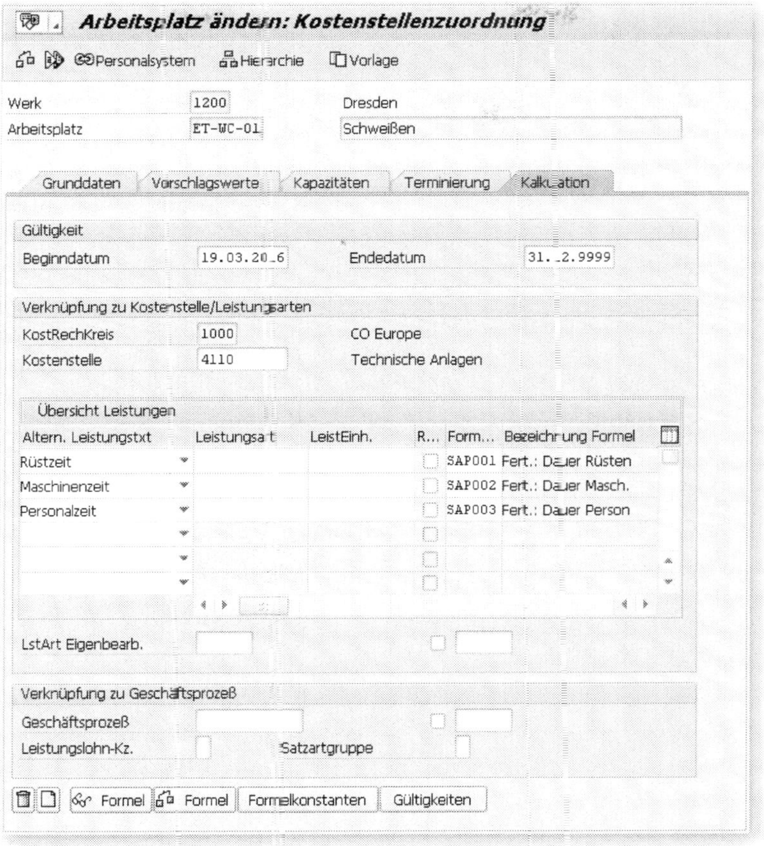

KONSTRUKTION UND ARBEITSVORBEREITUNG

Abbildung 2.18. Arbeitsplatzsicht – Kalkulation

Die Anlage eines Arbeitsplatzes

Der Arbeitsplatz ist in SAP PP die zentrale Organisationseinheit innerhalb eines Werkes zur Durchführung eines Produktionsauftrags. Wie Sie ihn anlegen, zeigt Ihnen das gleichnamige Video unter:
http://pp.espresso-tutorials.de/

2.4 Arbeitsplan

Arbeitspläne sind die wichtigsten Stammdaten für die Produktion. Sie beschreiben, was wann wo und in welcher Reihenfolge getan werden muss, um ein Erzeugnis zu produzieren. Zudem enthalten sie Informationen zur Dauer der einzelnen Vorgänge, der notwendigen Qualifizierung des Mitarbeiters sowie zu den benötigten Fertigungshilfsmitteln. In SAP gibt es vier unterschiedliche Plantypen, die sich durch zwei einfache Fragen beschreiben bzw. voneinander abgrenzen lassen:

- ▶ Ist der Arbeitsplan materialspezifisch oder -unabhängig?
- ▶ Beschreibt er eine Raten- oder eine Losfertigung?

Je nachdem, wie diese Fragen beantwortet werden, ergeben sich die folgenden Plantypen:

- ▶ Normalarbeitsplan – materialspezifisch, keine Ratenfertigung,
- ▶ Standardarbeitsplan – materialunabhängig, keine Ratenfertigung,
- ▶ Linienplan – materialspezifisch, Ratenfertigung oder
- ▶ Standardlinienplan – materialunabhängig, Ratenfertigung.

Der *Normalarbeitsplan* ist wohl der am weitesten verbreitete Arbeitsplantyp. Er beschreibt die Arbeitsabläufe zur diskreten Fertigung genau eines Materials. In einer Plangruppe dürfen mehrere Normalarbeitspläne für das Material angelegt werden, weil für bestimmte Losgrößenbereiche jeweils unterschiedliche Abläufe gelten können. Ein Normalarbeitsplan kann auch teilweise aus Standardarbeitsplänen bestehen.

Ein *Standardarbeitsplan* beschreibt typische wiederkehrende und materialunabhängige Fertigungsschritte. Wird in Normalarbeitsplänen auf einen Standardarbeitsplan verwiesen, reicht eine Änderung von letzterem, um die Normalarbeitspläne aller Materialien zu aktualisieren. Beide Arbeitsplan-Arten können zu Plangruppen zusammengefasst werden und bestehen aus Folgen und Vorgängen.

Für *Linien-* und *Standardlinienpläne* gilt entsprechend das bereits Gesagte, mit dem Unterschied, dass diese speziell auf eine Planung mit konkreten Produktionsraten – also beispielsweise 10.000 Stück pro Schicht – ausgelegt sind. Der Aufbau der Arbeitspläne erfolgt in SAP anhand der in Abbildung 2.19 gezeigten Struktur.

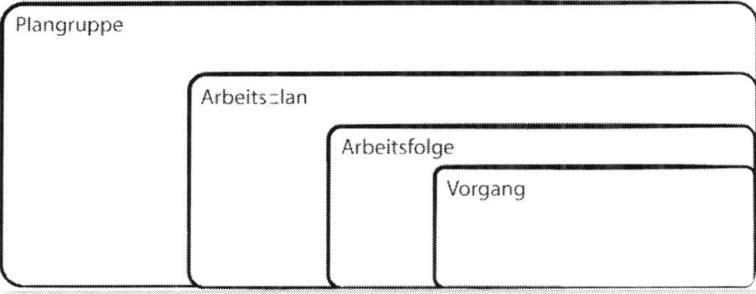

Abbildung 2.19: Strukturierung von Arbeitsplänen

Im Kopf eines Arbeitsplans (siehe Abbildung 2.20) werden insbesondere organisatorische Daten vermerkt. Da ein Arbeitsplan werksbezogen ist, wird hier das WERK eingetragen, für welches der Plan gilt. Weitere einzutragende Werte sind die PLANVERWENDUNG, der STATUS des Plans und die PLANERGRUPPE, also die Kennzahl zu dem oder den verantwortlichen Planer(n) dieses Arbeitsplans.

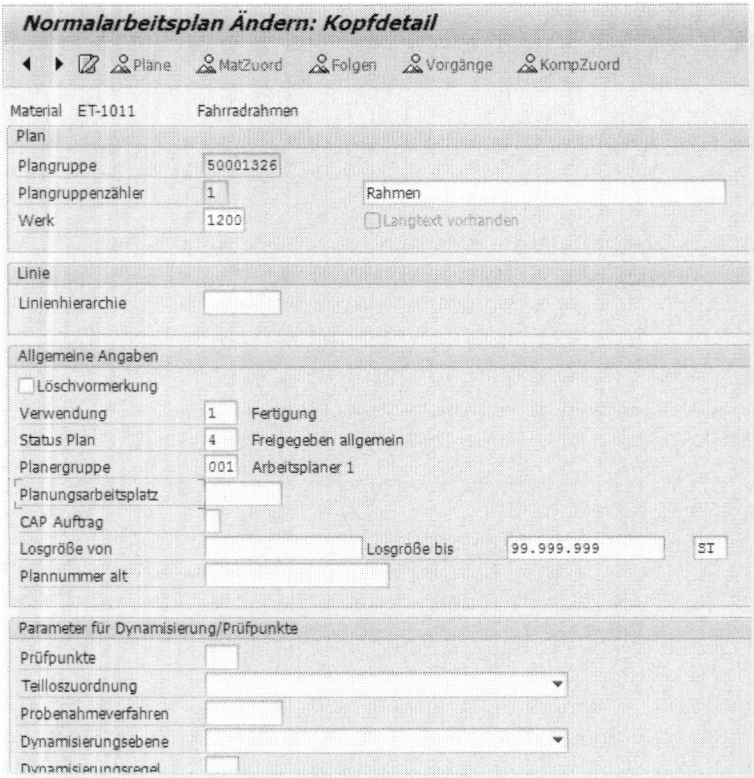

Normalarbeitsplan Ändern: Kopfdetail
◀ ▶ 📝 🔍 Plane 🔍 MatZuord 🔍 Folgen 🔍 Vorgänge 🔍 KompZuord

Material	ET-1011	Fahrradrahmen		
Plan				
Plangruppe		50001326		
Plangruppenzähler		1	Rahmen	
Werk		1200	☐ Langtext vorhanden	

Linie	
Linienhierarchie	

Allgemeine Angaben		
☐ Löschvormerkung		
Verwendung	1	Fertigung
Status Plan	4	Freigegeben allgemein
Planergruppe	001	Arbeitsplaner 1
Planungsarbeitsplatz		
CAP Auftrag		
Losgröße von		Losgröße bis 99.999.999 ST
Plannummer alt		

Parameter für Dynamisierung/Prüfpunkte	
Prüfpunkte	
Teilloszuordnung	▼
Probenahmeverfahren	
Dynamisierungsebene	▼
Dynamisierungsregel	

Abbildung 2.20: Normalarbeitsplan, Kopfdetail

Jeder Arbeitsplan besteht aus mindestens einer *Arbeitsfolge* – der sogenannten *Stammfolge*. Diese wird automatisch beim Anlegen des Arbeitsplans mit erstellt. Als Arbeitsfolge wird die lineare Aneinanderreihung von Prozessen bezeichnet, die durchlaufen werden, um ein Erzeugnis herzustellen. Wenn zu dessen Produktion Fertigungsschritte parallel ablaufen, werden diese Vorgänge einer *Parallelfolge* zugeordnet. Die Parallelfolge gilt stets als zusätzlicher »Ast« des Arbeitsplans und wird in jedem Fall durchlaufen. Gibt es zu einem oder mehreren dieser Vorgänge eine Alternative, beispielsweise die Bearbeitung auf einer anderen Maschine, kann man diesen zweiten Vorgang in einer *Alternativfolge* speichern. Beide Folgearten werden über Anordnungsbeziehungen mit der vom Arbeitsplaner eingegebenen Stammfolge verknüpft. Die Alternativfolge wird, je nach Bedarf, im Auftragsfall ausgewählt und ersetzt dann den – durch die Anordnungsbeziehung definierten – Abschnitt der Stammfolge.

Der *Vorgang* schließlich enthält alle Informationen zur Durchführung der Fertigungsoperation: die Bezeichnung des Arbeitsplatzes, der den Produktionsschritt durchführt, eine Leistungsbeschreibung und die dafür vorgegebene Leistungsmenge. Welche Leistungen geplant und benötigt werden, ergibt sich aus dem Vorgabewertschlüssel des eingetragenen Arbeitsplatzes. Jeder Vorgang wird darüber hinaus mit einem Steuerschlüssel versehen. Dieser Wert legt die Verarbeitung im weiterführenden Prozess fest und regelt, ob der Vorgang eigen- oder fremdbearbeitet ist, einen Kapazitätsbedarf erzeugt, mit allen anderen Vorgängen terminiert wird oder es sich lediglich um eine Textposition handelt.

In unserem Fahrrad-Beispiel muss der Planer nun für alle neuen, selbst hergestellten Teile einen Arbeitsplan anlegen. Im Einzelnen sind das: der Rahmen, die Gabel und der Rahmen KP. Doch auch für die Montage des fertigen Fahrrades ist ein Arbeitsplan notwendig. Sowohl Rahmen als auch Gabel werden aus Aluminiumrohren unterschiedlicher Durchmesser gefertigt. Diese werden bereits in der richtigen Länge angeliefert und vor Ort miteinander verschweißt. Der Arbeitsplaner erstellt den ersten Vorgang für das Material ET-1011 RAHMEN mit dem Arbeitsplatz ET-WC-01 SCHWEIßEN. Aus Letzterem wird der Steuerschlüssel von der Registerkarte VORLAGEN im Arbeitsplan eingetragen. In der BESCHREIBUNG benennt der Planer die zu erledigende Tätigkeit (siehe Abbildung 2.21).

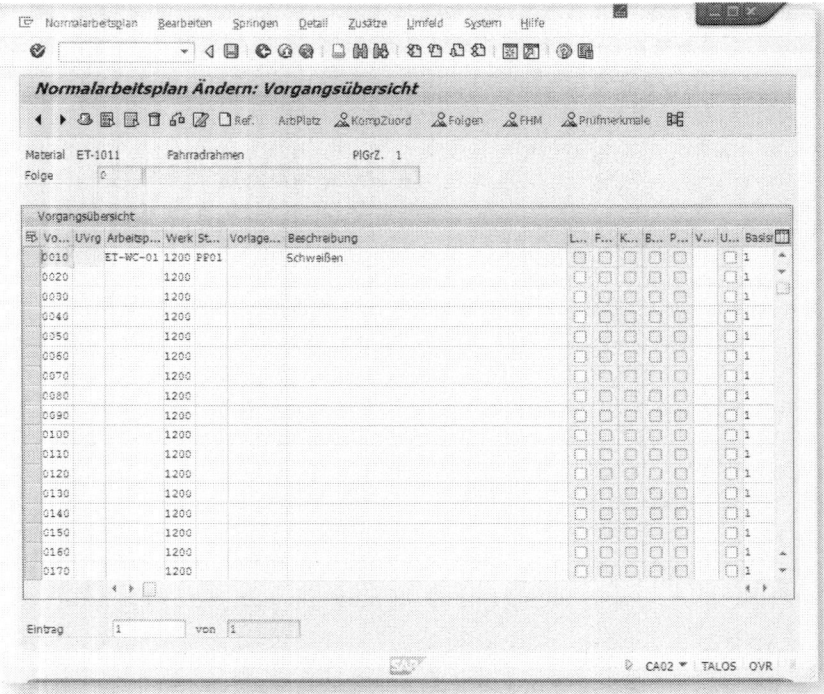

Abbildung 2.21: Normalarbeitsplan, Vorgangsübersicht

Mit einem Doppelklick auf die Vorgangsnummer können anschließend die Vorgangsdetails angezeigt werden, um die weiteren Vorgaben zu erfassen (siehe Abbildung 2.22). Zur Vorbereitung des Arbeitsplatzes müssen 30 Minuten eingeplant werden, die der Planer bei RÜSTZEIT einträgt. Die eigentliche Bearbeitungszeit soll 20 Minuten betragen, diese Zeit wird im Feld PERSONALZEIT eingegeben. Da der Arbeitsplatz Schweißen keine Maschine beinhaltet, muss keine Maschinenzeit eingepflegt werden.

KONSTRUKTION UND ARBEITSVORBEREITUNG

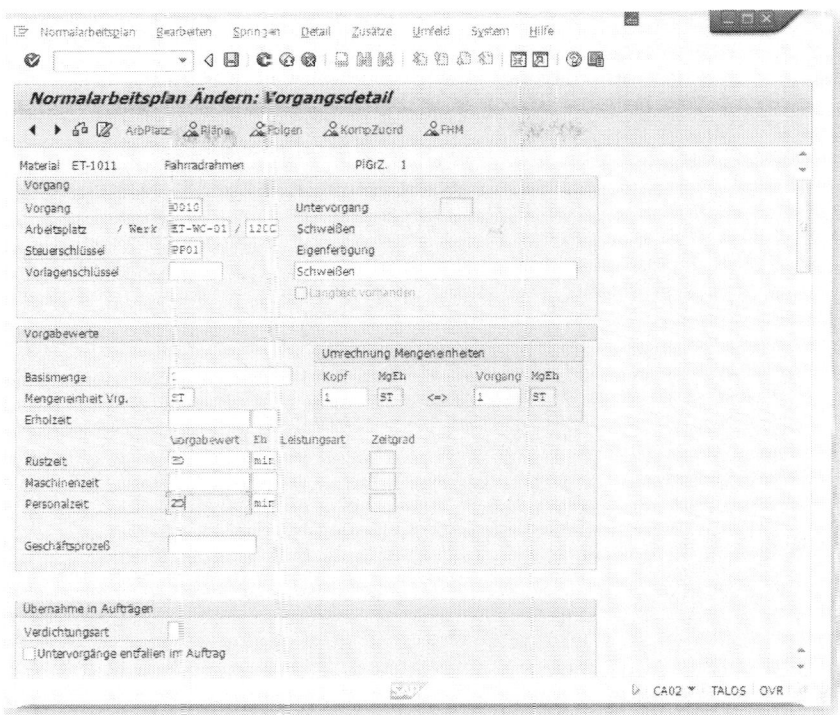

Abbildung 2.22: Vorgangsdetail, Vorgabewerte

Nach dem Schweißen muss der Rahmen eine Stunde auskühlen, bevor weitere Schritte erfolgen können. Daher gibt der Arbeitsplaner eine prozessbedingte LIEGEZEIT in den Arbeitsplan ein (siehe Abbildung 2.23). Diese wird in der Terminierung, vor dem Transport zum nächsten Arbeitsplatz, berücksichtigt.

53

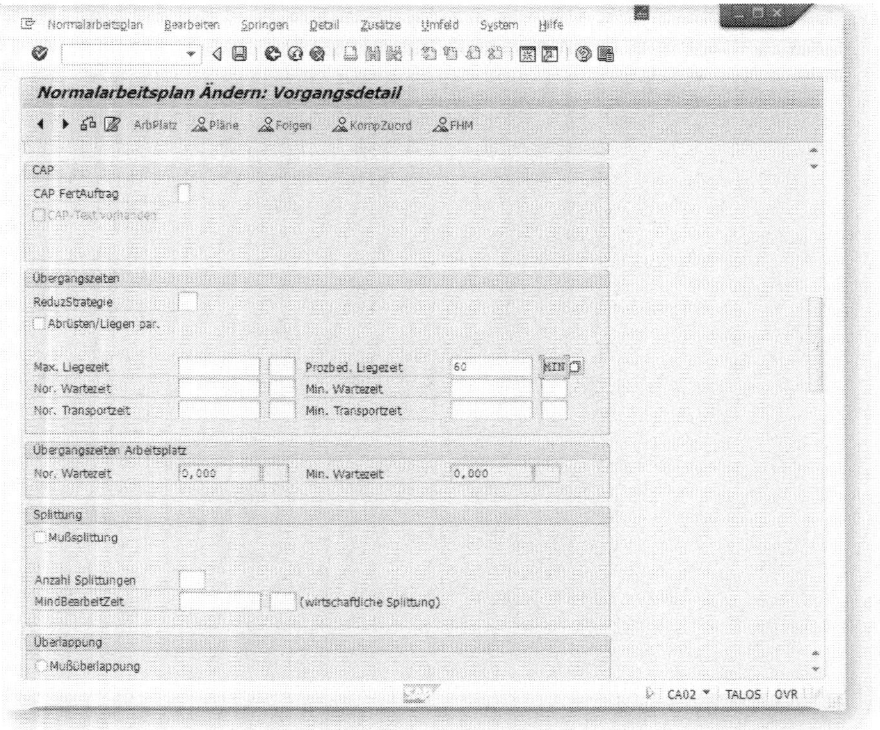

Abbildung 2.23: Vorgangsdetail, Übergangswerte

Dieses Vorgehen wiederholt der Planer für alle Vorgänge, die zur Herstellung des Rahmens notwendig sind. So erfolgt nach dem Schweißen noch die Lackierung mit einer Grundierung sowie mit einer Rahmenfarbe.

Auch für die Gabel und den kompletten Rahmen wird der Arbeitsplaner weitere Pläne anfertigen. Zusätzlich muss er Stücklisten für den Rahmen und die Gabel erstellen, da diese noch nicht vom Konstrukteur angefertigt werden konnten. Erst nachdem die Pläne entworfen und damit die Anforderungen an die Ausgangsmaterialien definiert worden sind, können die Stücklisten geschrieben werden. Diese enthalten neben den notwendigen Aluminiumrohr-Abschnitten auch die Angaben zu den Farben der Lackierung des Rahmens und der Gabel.

Da nicht alle Positionen der Stückliste bereits beim Schweißen benötigt werden, nimmt der Planer anschließend eine Zuordnung der Komponenten vor. Dazu öffnet er den Arbeitsplan mit der Transaktion CA02 und springt mit der Taste [F7] in die KOMPONENTENZUORDNUNG. Hier markiert er durch je einen Klick auf die Schaltflächen links neben der Zeile (siehe ❶ in Abbildung 2.24) die erste und zweite Position und ordnet diese durch einen Klick auf die Schaltfläche NEUZUORDNEN ❷ – alternativ Taste [F5] – dem VORGANG 0010 ❸ zu. Auf dieselbe Weise werden die Grundierung dem VORGANG 0020 und der blaue Lack dem VORGANG 0030 zugewiesen.

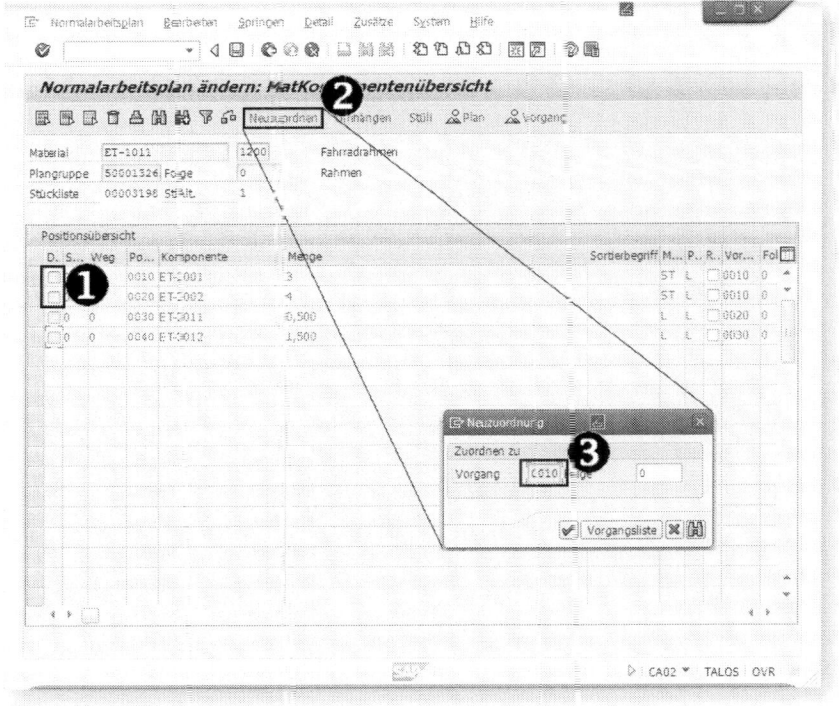

Abbildung 2.24: Arbeitsplan, Komponentenzuordnung

Damit sind alle für die Produktionsplanung notwendigen Stammdaten angelegt. Die Materialstammsätze mit den relevanten Sichten, die Stücklisten sowie die Arbeitsplätze und -pläne können nun genutzt werden, um die zur Deckung von Kundenauftrags- oder Vorplanbe-

55

darfen notwendigen Mengen zu bestimmen sowie die Beschaffung bzw. Herstellung zu steuern und zu überwachen. Im nächsten Kapitel werden wir uns ansehen, wie die Vorplanungsbedarfe im Rahmen der Absatz- und Produktionsgrobplanung ermittelt werden.

Einen Arbeitsplan anlegen

In den Arbeitsplänen sind die wichtigsten Stammdaten für einen Produktionsauftrag hinterlegt. Deren Anlage sollte mit großer Sorgfalt erfolgen, was Sie im Video »Einen Arbeitsplan anlegen« verfolgen können: *http://pp.espresso-tutorials.de/*

3 Absatz- und Produktionsgrobplanung

Erfassen Sie Ihre geplanten Absätze, planen Sie mit mehreren Hierarchiestufen, ermitteln Sie die notwendigen Ressourcenbedarfe und stellen Sie dieser Planung ein Ressourcenangebot gegenüber.

Die SAP SE liefert in der Absatz- und Produktionsgrobplanung eine Standardausprägung aus. Dieser Standard arbeitet nur mit Produktgruppenhierarchien und einem vorgegebenen Satz an Kennzahlen. Auch das Layout des Planungstableaus ist bereits vorkonfiguriert und kann so »out of the box« genutzt werden.

Größere Freiheiten in Bezug auf die Strukturierung Ihrer Daten, die zu planenden Kennzahlen und das Layout des Planungstableaus bietet die sogenannte *flexible Planung*. Im Folgenden werde ich Ihnen die Prozesse der Absatz- und Produktionsgrobplanung anhand der Standard-SOP (sales and operations planning) skizzieren und deren Grundlagen erläutern. Die Grobplanung ist einfach zu nutzen und erfordert kein umfangreiches Customizing, bevor sie einsatzbereit ist. Basierend auf dieser Vorarbeit, können wir in Kapitel 4 die notwendigen Produktions- und Beschaffungsmengen ermitteln.

3.1 Produktgruppen

Wie schon in Abschnitt 1.1 erläutert, erfolgt die Absatz- und Produktionsgrobplanung im SAP ERP auf einer aggregierten Ebene. Um eine solche Planung durchzuführen, ist die Festlegung bestimmter *Hierarchien* erforderlich, mit denen die Absatzzahlen aggregiert werden können. Dies können bspw. Kundenhierarchien nach Vertriebsregionen oder aber Produktgruppen etc. sein. Dabei unterstützt das SAP ERP auch mehrere Aggregationsebenen. Im Folgenden werde ich mich auf Produktgruppen als Hierarchie der Standard-SOP beschränken.

Produktgruppen sind einfach aufgebaute Datenstrukturen. Sie bestehen aus einem Kopf und den Komponenten. Die Daten im Kopf geben Auskunft über den Namen der Produktgruppe, deren Bezeichnung, das Werk und die Mengeneinheit, in der diese Produktgruppe geplant wird. Zu den Komponenten gehören neben der Materialnummer der Schlüssel für das Werk, die erforderliche Mengeneinheit und ein Anteilsfaktor, der die Verteilung der Komponenten innerhalb der Produktgruppe beschreibt.

Damit die geplante Menge der gesamten Produktgruppe auf die Materialien, die Bestandteil der Produktgruppe sind, verteilt werden kann, muss deren prozentualer Anteil an der Gesamtheit bekannt sein. Es gibt zwei grundsätzliche Ansätze, wie Angaben zu diesem Anteil zustande kommen:

1. Er kann von Vertriebsexperten für die nächste Planungsperiode geschätzt werden.

2. Er wird anhand der tatsächlichen Verbrauchsmengen der Vergangenheit berechnet.

In der Praxis kann natürlich auch zunächst der Anteil aus den historischen Daten berechnet und dieser dann von den Fachleuten entsprechend den Erwartungen für die Zukunft angepasst werden.

Dispositionsrelevante Produktgruppe

 Bei der Übergabe von der SOP an die Programmplanung wird im Hintergrund überprüft, ob ein Material in mehreren Produktgruppen aufgeführt ist und ob eine Produktgruppe als die dispositionsrelevante gekennzeichnet ist. Für jedes Material kann es nur *eine* solche Produktgruppe geben; dadurch wird verhindert, dass es aus mehreren Produktgruppen Bedarfe erhält.

Das entsprechende Kennzeichen setzen Sie in der Produktgruppe für jede Komponente einzeln.

ABSATZ- UND PRODUKTIONSGROBPLANUNG

In unserem Beispiel wurde ein neues Fahrrad entwickelt. Um die Absatzzahlen zu planen, werden wir die Materialnummer zur bestehenden Produktgruppe hinzufügen. Dazu rufen wir die TRANSAKTION MC86 (»Produktgruppe ändern«) entweder direkt oder über das SAP-Menü • LOGISTIK • PRODUKTION • ABSATZ-/GROBPLANUNG • PRODUKTGRUPPE auf. Im Selektionsbild (siehe Abbildung 3.1) geben wir den Namen der PRODUKTGRUPPE (in unserem Fall ET-F-W) und das WERK (1200) ein, in dem diese geplant wird.

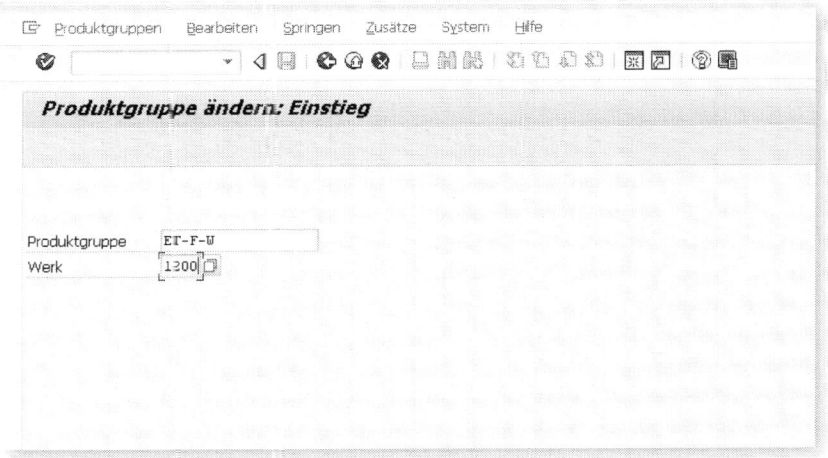

Abbildung 3.1: Selektion der Produktgruppe

Im folgenden Bild (Abbildung 3.2) sehen wir die bisherige Zusammenstellung der Produktgruppe. Im oberen Teil der Ansicht sind die Kopfdaten der Produktgruppe und im unteren die Daten zu den einzelnen Komponenten ersichtlich.

Wir erkennen, dass bisher drei Fahrräder zu unserer Produktgruppe gehörten ❶ und der Vertrieb in der letzten Planung von einer 40/40/20-Verteilung ❷ ausgegangen ist. In dieser Ansicht ergänzen wir zunächst die Materialnummer des neuen Fahrrads (ET-F-WT500, siehe Abbildung 3.3) und führen anschließend eine Anteilsberechnung durch.

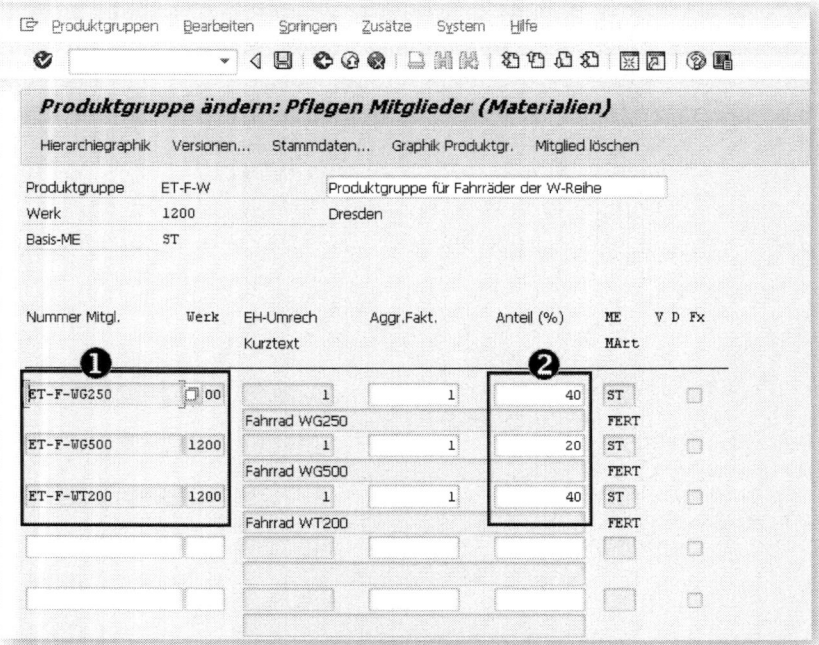

Abbildung 3.2: Darstellung der ursprünglichen Produktgruppe

Dazu wählen wir über den Menüpunkt BEARBEITEN die Funktion Anteilsberechnung aus. In dem sich nun öffnenden Pop-up werden wir vom System aufgefordert, den genauen Zeitraum zu benennen, der zur Anteilsermittlung analysiert wird. Hier wählen wir die letzten zwölf Monate aus und führen die Analyse mit einem Klick auf den Button ✓ aus.

Aus den Verbrauchswerten der vier Produktgruppenmitglieder wird das SAP ERP nun die tatsächlichen Anteile der einzelnen Materialien am Absatz der gesamten Produktgruppe ermitteln. Für die drei »alten« Materialien zeigt uns das System dann eine 35/40/25-Verteilung an.

Unser neues Fahrrad hat einen Anteil von »0« erhalten, da ja bisher noch keine Mengen gebucht worden sind. Der Vertrieb hat uns mitgeteilt, dass er einen 20%igen Marktanteil des neuen Fahrrads innerhalb der Produktgruppe erwartet, bei gleichmäßiger Reduzierung des

Anteils der alten Artikel. Ich trage also die neue Verteilung 28/32/20/20 in die Produktgruppe ein (vgl. Abbildung 3.3) und speichere sie mit einem Klick auf 🗐. Damit ist die Pflege der Produktgruppe abgeschlossen.

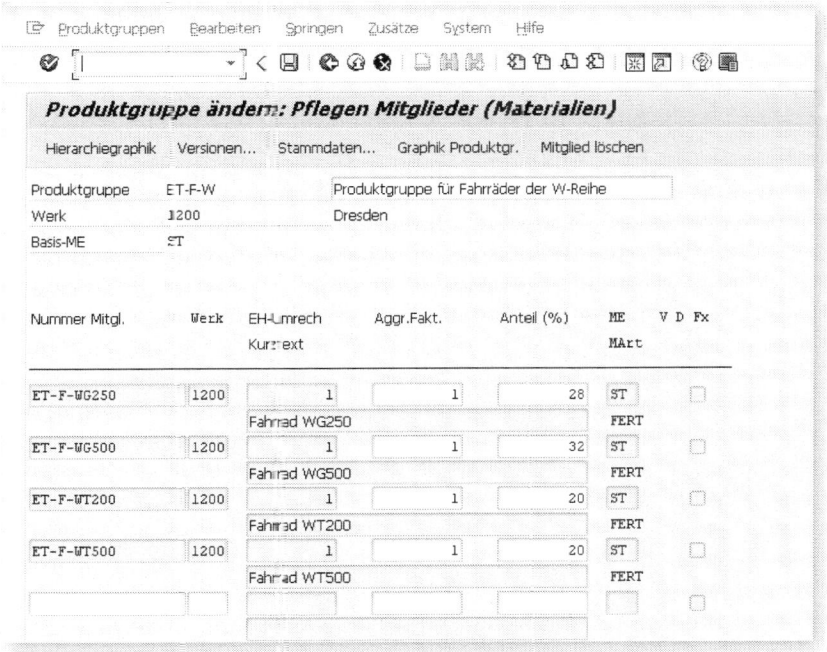

Abbildung 3.3: Aktualisierte Produktgruppe

3.2 Grobplanungprofil

In Abschnitt 1.1 habe ich Ihnen gezeigt, dass im MRP-II-Konzept nach dem Absatz- und Produktionsgrobplan eine Ressourcenüberprüfung die Realisierbarkeit des Plans gewährleisten soll. Grundlage dieser Analyse ist auch in diesem Planungsschritt die Gegenüberstellung von Kapazitätsbedarf und -angebot. Letzteres wird im SAP ERP aus den Arbeitsplatzdaten gelesen (vgl. dazu Abschnitt 2.3). Der Kapazitätsbedarf hingegen wird mittels sogenannter *Grobplanungsprofile* erfasst.

Diese sind im Vergleich zu den detaillierteren Arbeitsplänen sehr einfache Datenstrukturen, die es uns ermöglichen, auf einer aggregierten Sicht zu planen. Dazu stehen uns Arbeitsplatzkapazitäten, Materialien (in der Regel Rohstoffe), Fertigungshilfsmittel oder direkte Kosten als zu betrachtende Planungsengpässe zur Verfügung. Da es hier im Gegensatz zur in Kapitel 6 behandelten Kapazitäts- um eine Grobplanung geht, werden wir nicht auf die Minute und Sekunde genau planen – auch nicht auf einzelne Arbeitsplätze, sondern auf Arbeitsplatzgruppen.

Das Profil besteht aus einer einfachen Tabelle, in deren einzelnen Spalten die Perioden stehen, für welche wir den Bedarf erfassen – dies könnten z. B. Arbeitstage oder auch Kalenderwochen sein. In den Zeilen werden alle Ressourcen vermerkt, die wir über alle Stücklistenstufen hinweg zur Herstellung des Materials oder der Produktgruppe benötigen.

Planverwendung

Stellen Sie sicher, dass die Planverwendung der Arbeitsplätze den Einsatz in Grobplanungsprofilen zulässt, wenn Sie Arbeitsplätze bzw. Arbeitsplatzgruppen verwenden wollen (vgl. dazu Abschnitt 2.3)!

Für unsere Produktgruppe ET-F-W werden wir nun ein neues Grobplanungsprofil anlegen. Dazu rufen wir die TRANSAKTION MC35 über den Pfad SAP MENÜ • LOGISTIK • PRODUKTION • ABSATZ-/GROBPLANUNG • WERKZEUGE • GROBPLANUNGSPROFIL auf. In dem Selektionsbild (siehe Abbildung 3.4) geben wir unsere PRODUKTGRUPPE und das WERK ein und klicken auf den Button AUSFÜHREN ❶.

ABSATZ- UND PRODUKTIONSGROBPLANUNG

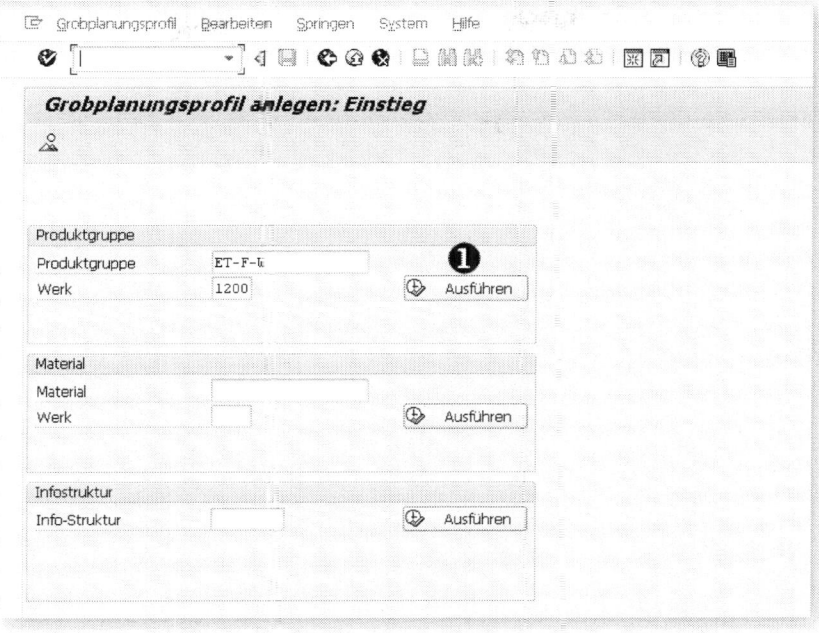

Abbildung 3.4: Grobplanungsprofil, Selektion

Weitere Grobplanungsprofile

 Mit derselben Transaktion legen Sie auch Grobplanungsprofile für Materialien und für die flexible Planung an. Sie geben Ihre Daten dann in dem entsprechenden Bereich des Selektionsbildes ein und verwenden die zugeordnete Schaltfläche zum Ausführen.

63

Es öffnet sich ein Pop-up (Abbildung 3.5), in dem wir die allgemeinen Daten des Profils eintragen. Das ZEITRASTER ❶ steuert, wie viele ARBEITSTAGE zu einer Periode (sprich: zu einer Spalte im Tableau) zusammengefasst werden. Die BEZUGSMENGE ❷ entspricht der Basismenge, für die wir den Ressourcenbedarf im Tableau hinterlegen. Die Felder der Selektionsdaten ❸ sind bereits aus dem Arbeitsplan (vgl. Abschnitt 2.4) bekannt und werden ebenfalls entsprechend gefüllt. Mit einem Klick auf den Button ✓ (»Weiter«) gelangen wir zum eigentlichen Grobplanungsprofil.

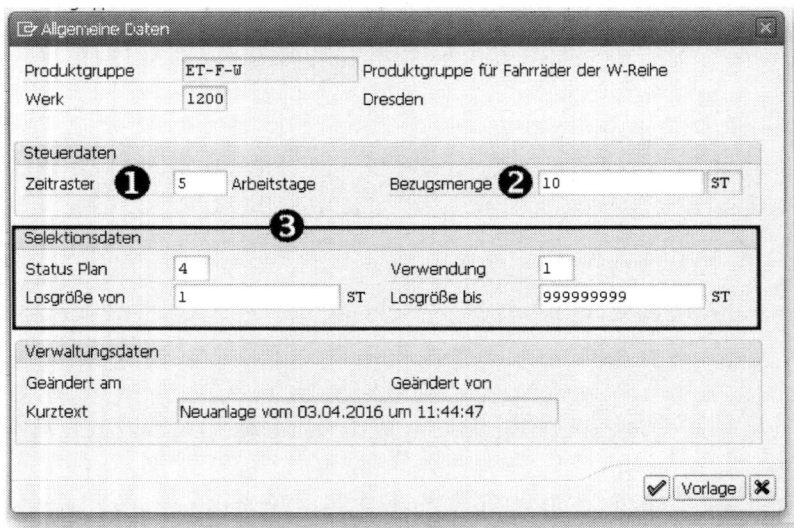

Abbildung 3.5: Grobplanungsprofil, Allgemeine Daten

Hier (Abbildung 3.6) sehen wir in den Spalten die eingestellten Perioden; in den einzelnen Zeilen können wir die für die Grobplanung benötigten Ressourcen eintragen. Für unsere Produktgruppe sind dies die ARBEITSPLATZGRUPPEn Montage und Lackiererei. Dazu führen wir einen Doppelklick auf das Feld in der ersten Spalte aus ❶. In dem sich nun öffnenden Pop-up ❷ geben wir einen freien Namen für die Ressource ein (in unserem Fall zunächst Lackiererei) und wählen als RESSOURCENTYP den Arbeitsplatz aus. In dem zweiten Pop-up ❸, das nach einem Klick auf den (in der Abbildung verdeckten) »grünen Haken« ✓ erscheint, geben wir den tatsächlichen AR-

BEITSPLATZ ET-WC-03, das WERK 1200 und die MASSEINHEIT der Arbeit, H (Stunde), ein. Wir schließen alle Pop-ups mit ✓ und wiederholen diese Schritte auch für den zweiten Arbeitsplatz.

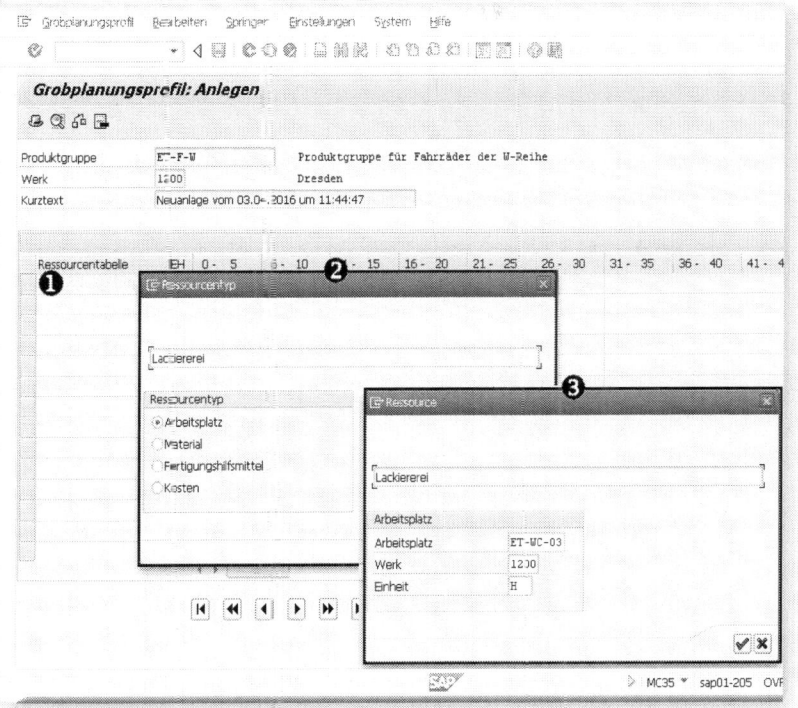

Abbildung 3.6: Einbinden einer Ressource im Grobplanungsprofil

Da zwischen den Arbeitsschritten auf diesen beiden Arbeitsplätzen ca. eine Woche liegt, schreiben wir den KAPAZITÄTSBEDARF in Stunden für das Lackieren in die erste und den für die Montage in die zweite Spalte (vgl. ❶ in Abbildung 3.7). Nachdem die Eingaben getätigt sind, werden Sie mithilfe der Schaltfläche 💾 gespeichert.

Wir haben nun ein Grobplanungsprofil erstellt, mit dem wir die geplanten Produktionsmengen einer *Kapazitätsanalyse* unterziehen können.

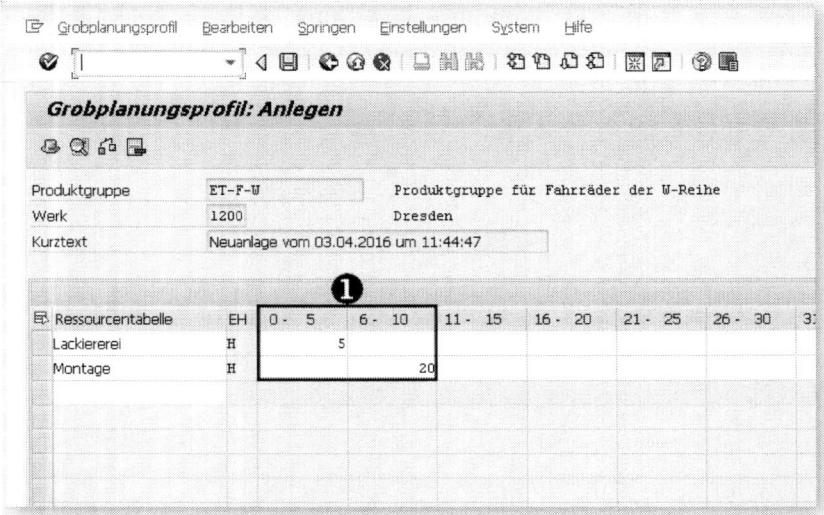

Abbildung 3.7: Ressourcenbedarf im Grobplanungsprofil

3.3 Standard-SOP

SAP stellt Ihnen mit der Standardplanung eine vorkonfigurierte *Planungsmappe* für die Planung von Absatz- und Produktionsmengen sowie Beständen zur Verfügung.

Wie bereits in der Kapiteleinleitung beschrieben, nutzt die Standard-SOP ein einfaches Planungstableau mit sechs festgelegten Kennzahlen, von denen vier – ABSATZ, PRODUKTION, ZIELLAGERBESTAND und ZIELREICHWEITE – geändert werden können. Die Kennzahlen LAGERBESTAND und REICHWEITE werden automatisch aus dem Absatz und der Produktion berechnet.

Zur Ermittlung der *Absatzzahlen* bieten sich mehrere Möglichkeiten. Die einfachste besteht sicherlich darin, dass Sie die Planwerte **manuell** in das Tableau eintragen. SAP bietet Ihnen aber auch Alternativen, die Daten zu generieren bzw. zu übernehmen. Wenn bereits im **Vertriebsinformationssystem** oder im **CO-PA** eine Absatzplanung durchgeführt wurde, können Sie diese Werte direkt übernehmen.

Außerdem ist es möglich, die Absatzzahlen auf Basis der Vergangenheitsdaten **prognostizieren** zu lassen. Wenn Sie sich dazu entscheiden, haben Sie die Auswahl zwischen unterschiedlichen Prognosemodellen (Konstant-, Saison-, Trend- und Trendsaisonmodelle, vgl. Abbildung 3.10).

> **Prognosemodelle**
>
>  Eine detaillierte Erläuterung aller Prognosemodelle sprengt den Rahmen dieses Buches. Sie können sich aber in hilfreicher weiterführender Literatur wie z. B. »Produktionsplanungs- und -steuerungssysteme – Konzepte und exemplarische Implementierungen mithilfe von SAP® R/3®« von Zelewski/Hohmann/Hügens, erschienen be De Gruyter Oldenbourg, weiter dazu informieren.

Auch bei der Generierung der *Produktionsmengen* können Sie sich vom SAP ERP unterstützen lassen. Dazu stellt Sie die Standard-SOP vor die Entscheidung, absatzsynchron zu planen – oder so, dass Sie einen vorgegebenen Ziellagerbestand bzw. eine Zielreichweite realisieren.

Der *Kapazitätsabgleich* schließlich erlaubt es Ihnen, sich den Ressourcenverbrauch der geplanten Produktionsmenge anzeigen zu lassen und mit dem Ressourcenangebot zu vergleichen. Sollte es hier zu Überlastungen kommen, haben Sie die Möglichkeit, diese zu identifizieren und geeignete Maßnahmen zu treffen. Diese können sowohl eine Verschiebung der Produktionsmengen als auch – da es sich um eine langfristige Planung handelt – eine Verbesserung des Kapazitätsangebotes sein.

In den Abschnitten 3.1 und 3.2 haben wir die Grundlagen für die SOP gelegt. Nun wollen wir für unsere Produktgruppe die Planung auch tatsächlich durchführen. Da es bereits aus dem letzten Planungszyklus die aktive Planungsversion gibt, starten wir die Transaktion MC82 aus dem Menü LOGISTIK • PRODUKTION • ABATZ-/GROBPLANUNG • PLANUNG • FÜR PRODUKTGRUPPEN.

Auf dem Selektionsbild (siehe Abbildung 3.8) geben wir unsere PRODUKTGRUPPE ET-F-W sowie das WERK 1200 ein und wählen die Schaltfläche AKTIVE VERSION ❶ aus.

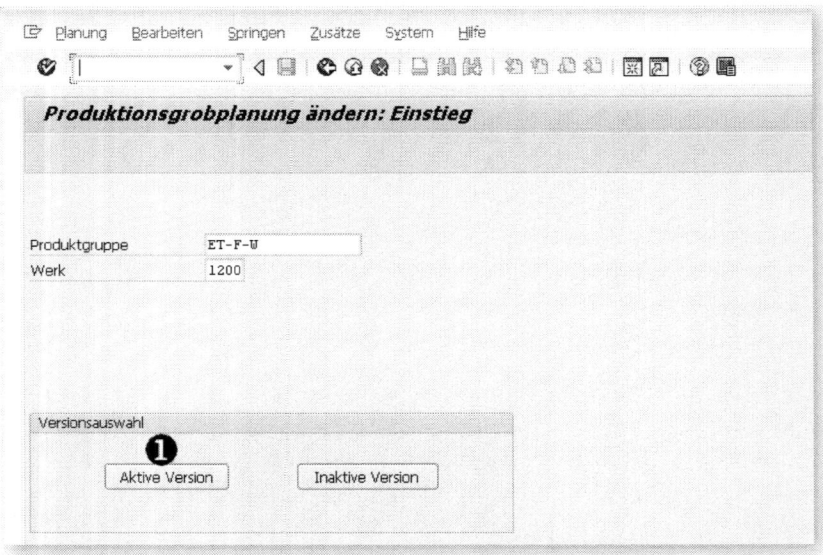

Abbildung 3.8: Einstieg in die Standard-SOP

Inaktive Version

Die Standard-SOP gibt Ihnen die Möglichkeit, in mehreren Versionen zu planen, diese Pläne zu überprüfen und zu vergleichen. Hierzu legen Sie INAKTIVE VERSIONEN an, von denen es im Gegensatz zur aktiven Version beliebig viele geben kann. Am besten nutzen Sie die inaktiven Versionen zum Testen unterschiedlicher Szenarien und kopieren dann die genehmigte und abgestimmte in die aktive Version A00.

Wir gelangen nun in das Planungstableau der Standard-SOP (siehe Abbildung 3.9). Im Kopf ❶ werden der Name der PRODUKTGRUPPE, das WERK sowie die VERSION, für die wir gerade die Planung durchführen, angezeigt. Darunter ❷ befindet sich der Detailbereich, in dem die Planungskennzahlen und Planungsperioden dargestellt werden.

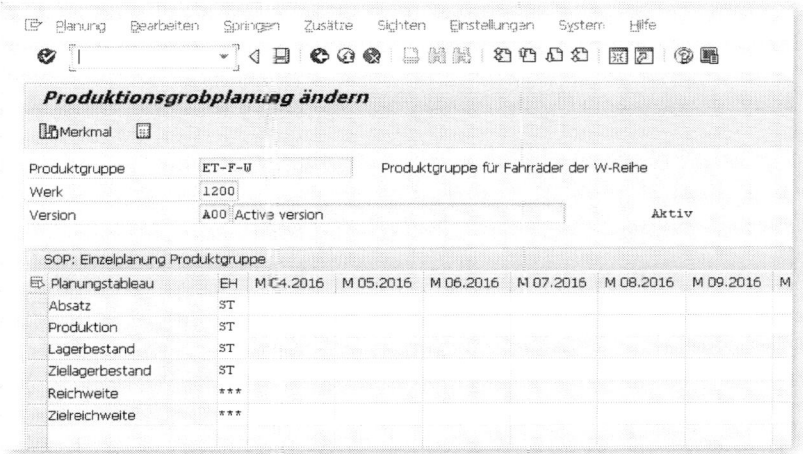

Abbildung 3.9: Planungstableau der Standard-SOP

Die wichtigsten Funktionen für die Planung lassen sich über das Menü BEARBEITEN • ABSATZPLAN ERSTELLEN und BEARBEITEN • PROD.PLAN ERSTELLEN erreichen. In unserem Fall gibt es keine vorgelagerte Planung, die wir übernehmen könnten, daher werden wir zunächst eine Prognose als Grundlage der Planung nutzen.

Wir starten die *Prognose* über BEARBEITEN • ABSATZPLAN ERSTELLEN • PROGNOSE... und werden in einem Pop-up (siehe Abbildung 3.10) dazu aufgefordert, die Modellauswahl durchzuführen:

Zunächst geben wir die PERIODENINTERVALLE ❶ für die PROGNOSE und für die VERGANGENHEITSDATEN ein. Wir überlassen es dem SAP ERP, das am besten geeignete Prognosemodell zu ermitteln, indem wir bei PROGNOSEDURCHFÜHRUNG die AUTOM. MODELLAUSWAHL ❷ markieren. Durch einen Klick auf die Schaltfläche VERGANGENHEIT...

lassen wir uns die gewünschte ANZAHL an Vergangenheitswerten anzeigen.

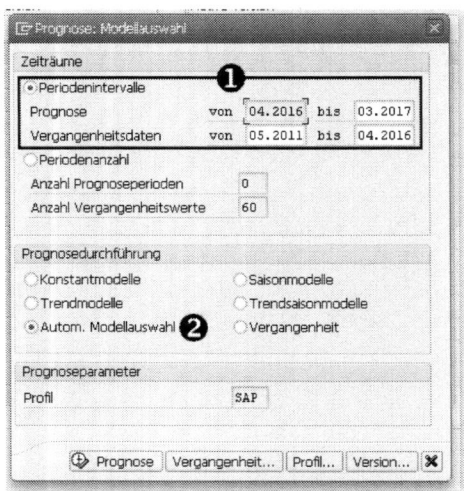

Abbildung 3.10: Prognose: Modellauswahl

In dem sich nun öffnenden Fenster (Abbildung 3.11) werden für gewöhnlich die Verbrauchswerte der Vergangenheit angezeigt; wir könnten diese auf »Ausreißer« – also auf im Vergleich stark vom Durchschnitt abweichende Werte hin – kontrollieren, die unsere Prognose negativ beeinflussen. Solche Ausreißer können durch Lieferengpässe oder einmalige Großbestellungen entstehen. Ich habe hier, da keine Verbrauchswerte vorlagen, alle Werte als korrigiert eingegeben, damit die Prognose zu einem Ergebnis gelangt.

Wir verlassen dieses Fenster, indem wir auf die Schaltfläche PROGNOSE klicken.

Im nächsten Schritt starten wir die Prognose. Es erscheint ein weiteres Fenster zur Modellauswahl (siehe Abbildung 3.12), in dem wir den SAP-Vorschlag zum Test auf TREND UND SAISON bestätigen. Auch dieses Fenster verlassen wir durch einen Klick auf die Schaltfläche PROGNOSE bzw. über F8.

ABSATZ- UND PRODUKTIONSGROBPLANUNG

Periode	Wertfeld	Korr. Wert	F	K
M 03.2016		1194	✓	
M 02.2016		1195	✓	
M 01.2016		1180	✓	
M 12.2015		1147	✓	
M 11.2015		1174	✓	
M 10.2015		1128	✓	
M 09.2015		1088	✓	
M 08.2015		1099	✓	

Abbildung 3.11: Prognose: Vergangenheit

Prognose: Parameter autom. Modellauswahl

Exponentielle Glättung 1. Ordnung mit Test auf

○ Trend
  Alphafaktor   0,10
  Betafaktor   0,20

○ Saison
  Alphafaktor   0,10
  Gammafaktor   0,20
  Perioden pro Saison 12

◉ Trend und Saison

○ Saisonmodell und Test auf Trend

○ Trendmodell und Test auf Saison
  Alphafaktor   0,10
  Betafaktor   0,20
  Gammafaktor   0,20
  Perioden pro Saison 12

○ Prognosemodellauswahl mit Verfahren 2
  Perioden pro Saison 12

Abbildung 3.12: Prognose: Parameter automatische Modelauswahl

71

Nun sehen wir das Ergebnis der Prognose in einem weiteren Pop-up (siehe Abbildung 3.13 und Abbildung 3.14):

Den Kopfdaten ❶ entnehmen wir Informationen zur Bewertung der Prognose, in unserem Fall den GRUNDWERT der Prognose von 1167,518, den TRENDWERT von 11, den MAD (Median der absoluten Abweichung) von 34 und die FEHLERSUMME der Ex-post-Prognose, in unserem Fall 597. Mit diesen Kennzahlen haben Sie die Möglichkeit, zwei Prognosen miteinander zu vergleichen.

Die Details ❷ zeigen für die Vergangenheitsperioden die Verbrauchswerte und die sogenannten *Ex-post-Prognosewerte*. Diese werden verwendet, um das Prognosemodell an den bekannten Werten der Vergangenheit zu testen und die Kennzahlen MAD und FEHLERSUMME zu berechnen.

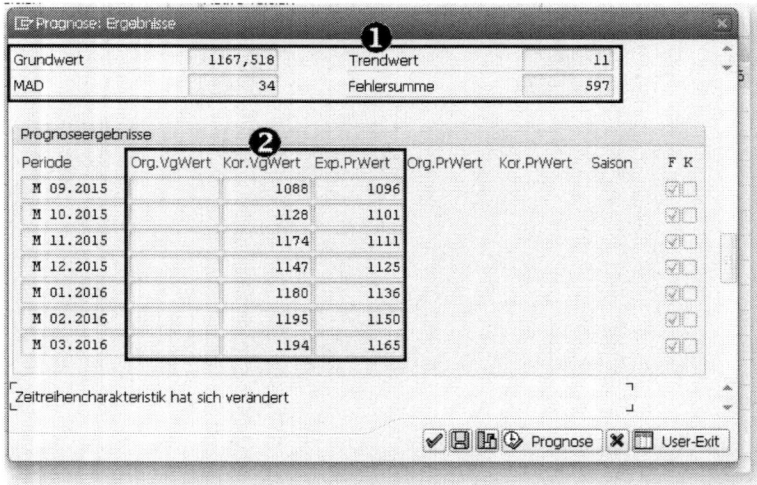

Abbildung 3.13: Prognose: Ergebnisse, Ex-Post-Prognose

Wenn wir herunterscrollen (Abbildung 3.14), sehen wir die Prognosewerte ❶ für das in Abbildung 3.10 eingegebene Prognoseintervall. Auch diese können wir im Bedarfsfall durch Einträge in der Spalte KOR.PRWERT manuell korrigieren.

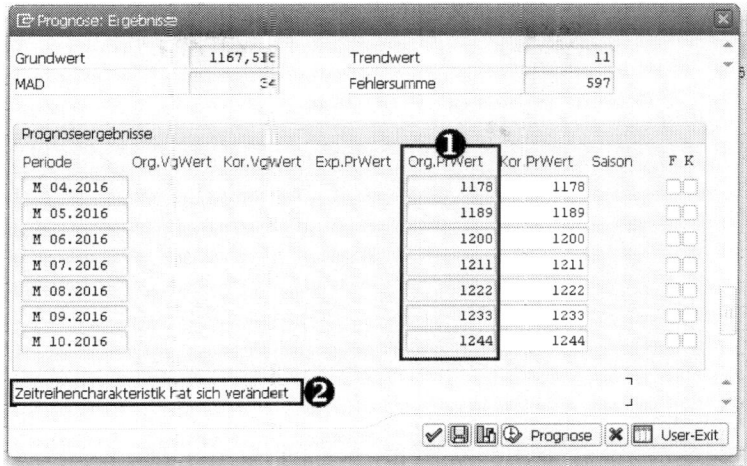

Abbildung 3.14: Prognose: Ergebnisse

Unter den Details befindet sich noch eine Textzeile zur Zeitreihencharakteristik, die sich verändert hat ❷. Wenn wir hierauf einen Doppelklick ausführen, öffnet sich das *Ablauf- und Fehlermeldungsprotokoll* (vgl. Abbildung 3.15) der Prognose, in dem alle Meldungen festgehalten sind, die während des Programmablaufs erzeugt worden sind. Nachdem wir das Protokoll wieder geschlossen haben, übernehmen wir die Ergebnisse (siehe Abbildung 3.14) durch einen Klick auf den »grünen Haken« , da wir mit ihnen zufrieden sind.

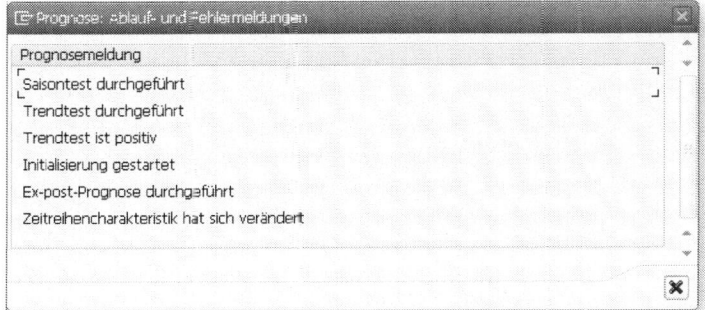

Abbildung 3.15: Prognose: Ablauf- und Fehlermeldungen

Nun sind die Werte in der Kennzahl ABSATZ übernommen worden. Um jetzt die Produktionsmengen hinzuzufügen, wählen wir den Menüpunkt BEARBEITEN • PROD.PLAN ERSTELLEN • ABSATZSYNCHRON aus. Hierbei werden die Absatzmengen 1:1 als Produktionsmengen übernommen. Unsere Planungsmappe (siehe Abbildung 3.16) weist nun Absatz- und Produktionszahlen aus.

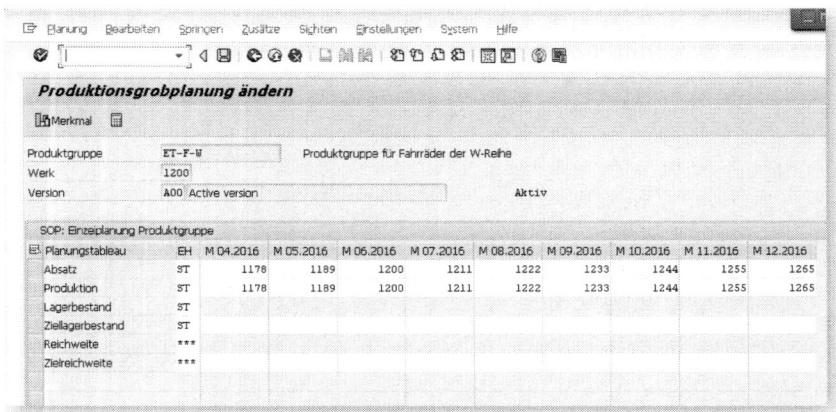

Abbildung 3.16: Planungstableau mit Absatz- und Produktionsmengen

Wir wissen aber noch nicht, ob sich diese Produktion tatsächlich auch so realisieren lässt, und starten jetzt die Kapazitätsauswertung, indem wir den Menüeintrag SICHTEN • GROBPLANUNG • EINBLENDEN auswählen. Unter unserem Planungstableau sehen wir nun die Tabelle der RESSOURCENBELASTUNG. Für jede Ressource, die wir im Grobplanungsprofil angegeben haben, wird ein Abschnitt, bestehend aus KAPAZITÄTSANGEBOT, KAPAZITÄTSBEDARF und KAPAZITÄTSAUSLASTUNG, dargestellt – wie in Abbildung 3.17 zu sehen.

Das *Kapazitätsangebot* ergibt sich aus den Einstellungen der Arbeitsplatzkapazität, die wir (siehe Abschnitt 2.3) vorgenommen haben. Entsprechend dem für das Werk geltenden Arbeitskalender wird für die monatliche Planungsperiode bestimmt.

Für den *Kapazitätsbedarf* wird das Grobplanungsprofil einfach mit der geplanten Produktionsmenge multipliziert und in der Kapazitätsauslastung zum Angebot in Bezug gesetzt.

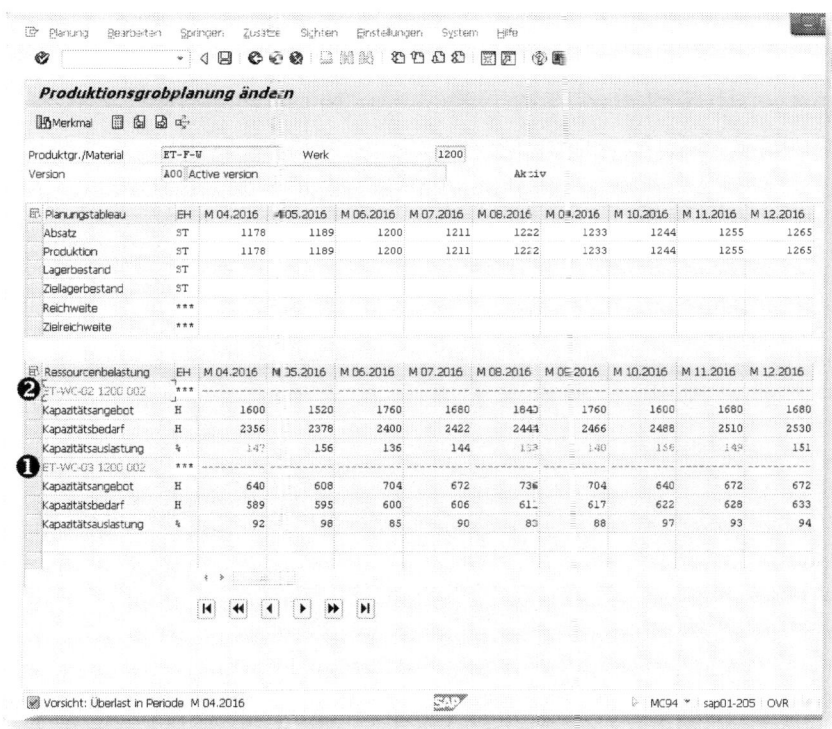

Abbildung 3.17: Planungstableau mit Ressourcenbelastung

Wenn wir uns die *Kapazitätsauslastung* anschauen, wird deutlich, dass grundsätzlich genug Kapazität am Arbeitsplatz ET-WC-03 ❶ (Lackiererei) zur Verfügung steht. Die Montage – Arbeitsplatz ET-WC-02 ❷ – jedoch wird mit den geplanten Mengen aufgrund des begrenzten Kapazitätsangebotes nicht zurechtkommen. Die Kapazitätsauslastung liegt bei bis zu 156 %. An der Stelle haben wir mehrere Möglichkeiten, dem Problem zu begegnen:

- ▶ Die erste besteht darin, die Absatzmenge zu reduzieren – dies ist vermutlich die am wenigsten praktikable Lösung, da dies einen Umsatzverzicht bedeuten würde.

- ▶ Eine Alternative ist das Vorziehen der Produktion, um dann die höheren erwarteten Absätze aus dem Lagerbestand bedienen zu können – leider funktioniert diese Lösung nur bei zeitlich begrenzten Absatzspitzen.

- ▶ Die dritte Variante beinhaltet die Erhöhung des Kapazitätsangebotes durch Einrichten eines weiteren Arbeitsplatzes oder Einsatz einer weiteren Schicht auf den bereits bestehenden Arbeitsplätzen.

3.4 Disaggregation und Übergabe der Bedarfe

Die Produktionszahlen liegen noch immer in einer groben Auflösung in den Strukturen der SOP vor. Um in der Bedarfsplanung mit diesen Zahlen weiterarbeiten zu können, müssen sie über die Programmplanung auf die Ebene »Material je Werk« verteilt werden. Auch zeitlich ist unter Umständen eine Aufschlüsselung auf Wochen oder Tage angezeigt.

SAP ERP hilft Ihnen auch bei dieser Aufgabe. Für die *hierarchische Aufteilung der Mengen* wird der Anteilsfaktor aus der Produktgruppe genutzt. Durch diesen können die Mengen, welche auf Ebene der Produktgruppe vorliegen, auf die Ebene des einzelnen Materials transferiert werden.

Wie wir gesehen haben, lassen sich in einer Produktgruppe auch Eintragungen zu einem Material in zwei unterschiedlichen Werken machen und so eine Aufteilung von Mengen auf zwei oder mehr Werke erwirken. Diese Aufgabe starten Sie am besten noch aus der SOP heraus: mit der Transaktion MC75 (Übergabe Plandaten an die Programmplanung). Sie finden diese auch über den Pfad SAP MENÜ • LOGISTIK • PRODUKTION • ABSATZ-/GROBPLANUNG • DISAGGREGATION.

Zeitliche Aufteilung der Planmengen

Der Bedarf einer zeitlichen Disaggregation richtet sich nach dem *Planungsszenario* und der *Produktionshäufigkeit*: Wenn das Produkt beispielsweise mehrmals im Monat produziert wird, der Bedarf aber nur monatlich in die Bedarfsplanung übergeben wird, wird diese keinen realistischen Beschaffungsvorschlag generieren können.

Die zeitliche Aufteilung unterstützt das SAP ERP dahingehend, dass eine Verteilung immer unter Zuhilfenahme der Arbeitstage erfolgt. Dadurch ist bei einer Verteilung von Monaten auf Wochen gewährleistet, dass diese auch dann korrekt ist, wenn der Monats- nicht mit dem Wochenwechsel zusammenfällt. Ebenso ist die Aufteilung auf Tage problemlos machbar. Dabei kommt immer der Fabrikkalender des Werkes zum Einsatz – dadurch sind Sie in der Disaggregation auch nicht auf eine Fünf-Tage-Woche beschränkt, sondern können den Bedarf auf alle bei Ihnen definierten Arbeitstage verteilen.

Wir werden jetzt unsere Produktgruppenplanung, die wir in diesem Kapitel erstellt und für die wir die Ressourcensituation überprüft haben, auf Material/Werks-Ebene und auf Wochen verteilen. Dazu rufen wir die Transaktion MC75 auf. Im Selektionsbild (siehe Abbildung 3.18) geben wir unsere PRODUKTGRUPPE ET-F-W, das WERK 1200 und die Plan-VERSION A00 ein ❶.

Bei der ÜBERGABESTRATEGIE ❷ wählen wir PRODUKTIONSPLAN MATERIAL(IEN) ALS ANTEIL PG aus. Den Übergabezeitraum ❸ stellen wir passend zu unserem Planungsszenario ein. Anschließend starten wir die Transaktion durch einen Klick auf ÜBERGABE AUSFÜHREN ❹.

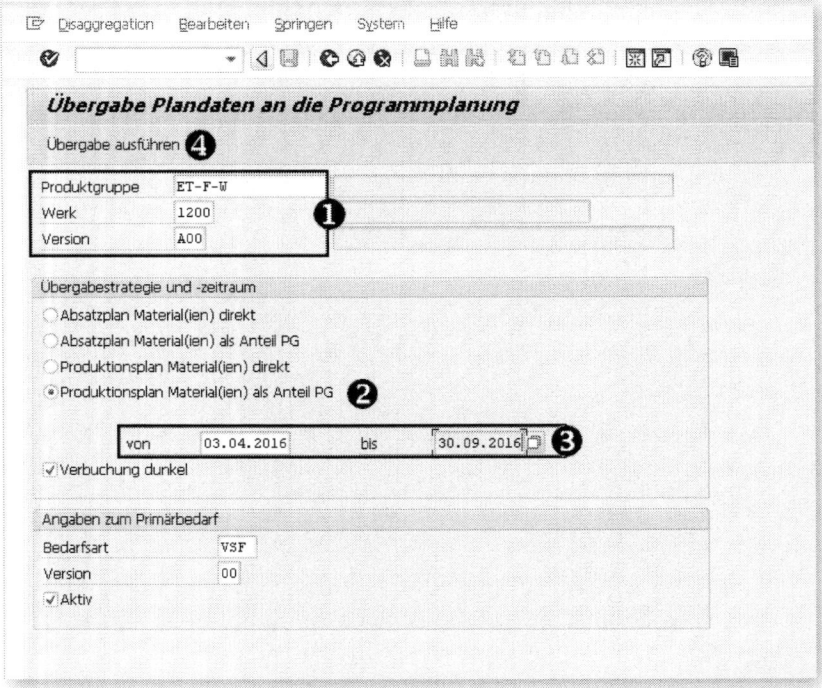

Abbildung 3.18: Übergabe Plandaten an die Programmplanung

Zeitliche Aufteilung innerhalb der SOP

Grundsätzlich gibt es auch in der SOP die Möglichkeit zur Disaggregation. Allerdings sind die Planwerte dann immer noch nur Bestandteile der SOP und für die Materialbedarfsplanung nicht ersichtlich. Ich beschreibe daher die Vorgehensweise mit Übergabe an die Materialbedarfsplanung.

Um den Erfolg der Übergabe zu verifizieren, öffnen wir nun die Planprimärbedarfe mit der Transaktion MD62 (Planprimärbedarf ändern) (Pfad: LOGISTIK • PRODUKTION • PRODUKTIONSPLANUNG • PROGRAMMPLANUNG • PLANPRIMÄRBEDARF).

Wir starten die Transaktion mit unserer PRODUKTGRUPPE, dem WERK und der Auswahl ALLE AKTIVEN VERSIONEN. Wir bekommen erneut ein Planungstableau angezeigt (siehe Abbildung 3.19), diesmal jenes der Programmplanung.

In den Kopfdaten sehen wir die ausgewählte PRODUKTGRUPPE und den selektierten Planungszeitraum. Der Detailbereich besteht aus drei unterschiedlichen Registerkarten: dem TABLEAU selbst, den POSITIONEN und den EINTEILUNGEN.

Das TABLEAU zeigt Ihnen in den ersten Spalten die MATERIALnummer, das Werk bzw. den DISPOsitionsbereich, die Version (VS), das Aktiv-Flag und die Basismenge (B...). Daran schließen sich die Spalten für die Planungsperioden an. Diese Spalten sind dynamisch und können sowohl Monate als auch Wochen und Tage anzeigen. Sogar eine Mischung aus all diesen Perioden ist möglich, wenn Sie z. B. zwei Materialien mit unterschiedlichen Planungsperioden betrachten wollen.

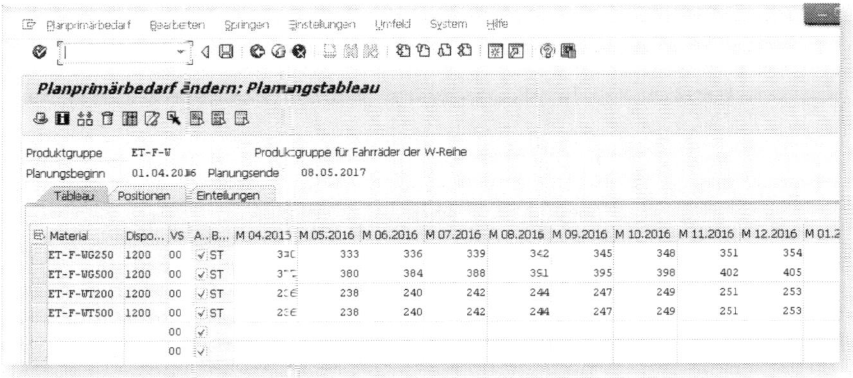

Abbildung 3.19: Planprimärbedarf, Tableau der Programmplanung

Auf der Registerkarte POSITIONEN (Abbildung 3.20) werden die relevanten *Steuerungsparameter* je Material angezeigt. Der Bedarfsplan und die Planmenge ergeben sich aus dem Planungstableau der Programmplanung. Die Bedarfsart und die Verrechnung steuern das Verhalten der Planprimärbedarfe. Die folgenden Werte sind rein informativ und werden im Materialstamm gepflegt:

- ▶ Strategiegruppe,
- ▶ Dispositionsmerkmal,
- ▶ Dispogruppe,
- ▶ Disponent.

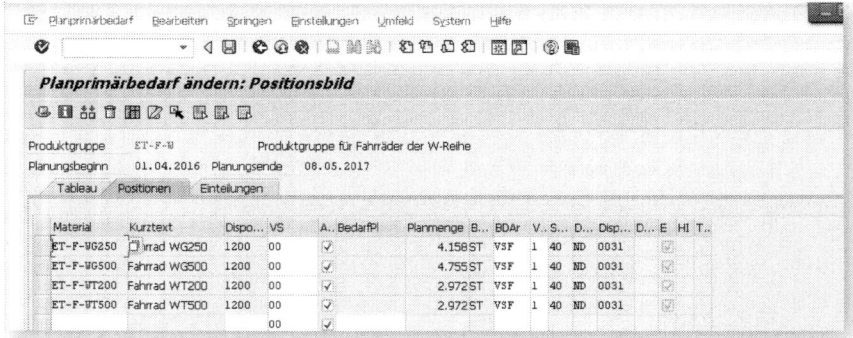

Abbildung 3.20: Positionen der Programmplanung

Bedarfsplan

Das Feld zum BEDARFSPLAN bietet Ihnen eine zusätzliche Möglichkeit, die Vorplanbedarfe weiter zu untergliedern. In dem reinen Textfeld können Sie bei der Anlage des Planprimärbedarfes beliebige Informationen eintragen. Dieser Schlüssel identifiziert dann Ihre Bedarfe innerhalb der übergeordneten Version und wird als Text auch am Dispoelement in der Bedarfs-/Bestandsliste angezeigt (vgl. Abschnitt 4.4).

Die Registerkarte EINTEILUNGEN (Abbildung 3.21) schließlich stellt für jede Position die erstellten Bedarfseinteilungen dar. Diese Ansicht verfügt über einen eigenen Kopfbereich, in dem die Steuerparameter für das gewählte Material noch einmal angezeigt werden. Daran schließt sich der Detailbereich an, in dem jede Einteilung mit Periodenkennzeichen (Monat, Woche, Tag), dem Bedarfstermin und der Planmenge aufgeführt ist. Die Spalte des Detailbereiches lässt die Darstellung unterschiedlicher Kennzahlen zu.

Wenn Sie die Registerkarte zu den EINTEILUNGEN öffnen und bereits Materialentnahmen stattgefunden haben, wird Ihnen die *Entnahmemenge* der Position angezeigt. Dies ist die Menge, die mit einem Bedarfselement (i. d. R. einem Kundenauftrag) verrechnet wurde und für die in der Folge ein *Warenausgang* gebucht worden ist. Bei der Buchung des Warenausgangs wird die Planmenge reduziert und als Entnahmemenge hinzugefügt.

Der *Positionswert* ist der monetäre Wert der Planmenge, die mit dem Preis aus der Buchhaltungssicht des Materialstamms bewertet worden ist.

Sie können zwischen den beiden Kennzahlen wechseln, indem Sie im Menü EINSTELLUNGEN den Punkt Entnahmemng.<->Werte auswählen.

Eine weitere Kennzahl, die in dieser Spalte angezeigt werden kann, ist die *verrechnete Menge*. Diese wurde bereits einem konkreten Bedarfselement zugeordnet und verrechnet sich (automatisch, durch die Materialstammeinstellungen in der Sicht DISPOSITION 3 gesteuert) mit diesem in der Bedarfsplanung. Die Planmenge selbst wird erst beim Warenausgang angepasst (s. o.). Die Kennzahl »verrechnete Menge« lassen Sie sich über den Menüeintrag EINSTELLUNGEN • VERRECHNETE MENGE anzeigen.

Unter dem Detailbereich befinden sich Schaltflächen ❶, mit denen Sie durch die einzelnen Positionen navigieren können.

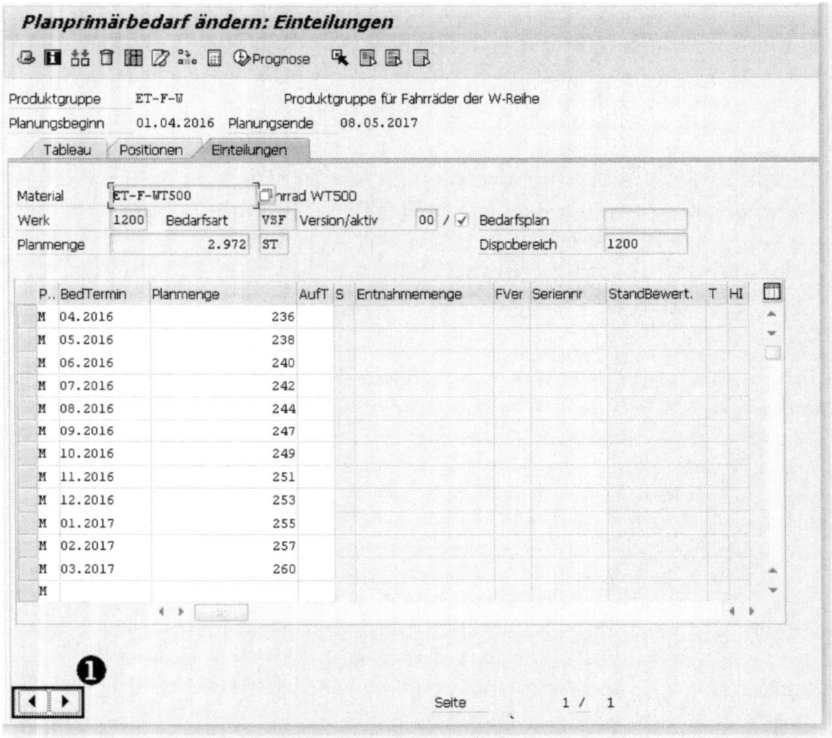

Abbildung 3.21: Einteilungen der Programmplanung

Planung mit Fertigungsversion oder Seriennummer

Sie können einer Einteilung auch schon konkrete Anforderungen nach einer bestimmten Fertigungsversion (FVER) oder SERIENNR mitgeben. Die entsprechenden Spalten befinden sich auf der Einteilungssicht (Abbildung 3.21). Sie aktivieren die Spalten über die entsprechenden Funktionen im Menü EINSTELLUNGEN.

Wenn Sie solche Vorgaben machen, werden diese im Rahmen der folgenden Bedarfsplanung berücksichtigt und entsprechende Planaufträge erzeugt.

Zur zeitlichen Aufteilung der Bedarfe stehen innerhalb der Programmplanung mehrere Möglichkeiten zur Verfügung: Beispielsweise können Sie in der Einteilungssicht in der Spalte AUFT ein Periodenkennzeichen, wie z. B. Monats- (M), Wochen- (W) oder Tagesformat (T), eintragen. Nach Betätigen der Enter -Taste teilt das SAP ERP die Einteilungsmenge automatisch auf die neuen Perioden auf, wie in Abbildung 3.22 zu sehen. Hier wurde die Planmenge des Monats April auf Wochen aufgeteilt.

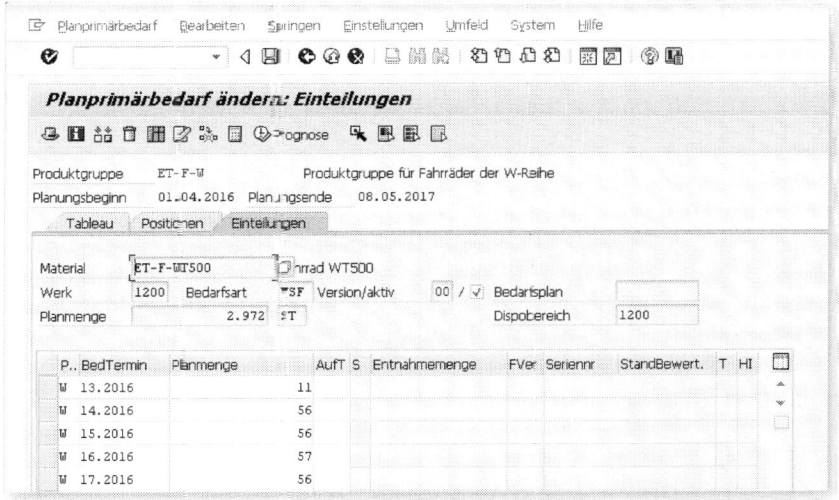

Abbildung 3.22: Einteilungen der Programmplanung auf Wochen

3.5 Zusammenfassung

In diesem Kapitel haben wir gelernt, wie die Absatz- und Produktionsgrobplanung im SAP ERP abgewickelt werden kann. Ausgehend von den Vertriebszahlen, die wir erhalten – sei es auf Papier, in einem Excel-File oder aus anderen SAP-Modulen –, konnten wir einen groben Produktionsplan ableiten. Diesen haben wir anhand eines Grobplanungsprofils auf seine Umsetzbarkeit hin überprüft und anschließend die Produktionszahlen der Produktgruppe auf einzelne Materialien transferiert, um sie dann als Vorplanungsbedarfe an die

83

Bedarfsplanung zu übergeben. Welche Schritte diese nun vornimmt, davon handelt das nächste Kapitel.

4 Disposition

Wenn ein Bedarf im Unternehmen erfasst bzw. erstellt wird, plant SAP ERP die Produktion und Beschaffung dieses Artikels vom Endprodukt bis zum Rohmaterial.

4.1 Bedarfe

Den Informationen aus Kapitel 2 folgend, gibt es auch in SAP ERP unterschiedliche Bedarfe: den *Primär-*, den *Sekundär-* und den *Tertiärbedarf*. Dazu gibt es den *Zusatzbedarf*: Dieser soll Ausschuss, Verschleiß, Schwund und Verschnitt abdecken und wird prozentual auf die anderen Bedarfe aufgeschlagen. Generell werden allerdings nur der Primär- und der Sekundärbedarf disponiert.

Zu jeder Bedarfsart zählt SAP unterschiedliche Dispositionselemente, welche die Herkunft des Bedarfs je nach Geschäftsprozess genauer definieren. Zu den Primärbedarfen gehören der Kunden- (K-BED), der Vorplanungs- (VP-BED) und der Prognosebedarf (PR-BED). In den meisten Organisationen wird der Primärbedarf von der Vertriebsorganisation erfasst und der Planungsabteilung über SAP ERP zur Verfügung gestellt.

Die Sekundärbedarfe werden in jene aus Planaufträgen (SK-BED) und Auftragsreservierungen aus Fertigungsaufträgen (AR-RES) unterschieden. Die SK-BED ergeben sich aus den bestehenden Planungen und sind folglich ebenfalls durch die Mengenbedarfsrechnung veränderbar.

4.2 Planaufträge

Planaufträge sind simpel aufgebaute Elemente der Materialbedarfsplanung (siehe Abbildung 4.1). Ihre wichtigste Funktion besteht in der Weitergabe der Bedarfsmenge(n) entlang der Produktionsstufen. Zu diesem Zweck beinhalten sie mindestens Angaben zur AUFTRAGS-MENGE, den ECKTERMINEN sowie einer Stückliste ❶. Weitere Elemente sind das Datum, zu dem das Material voraussichtlich DISPOSITIV VERFÜGBAR ist, und die Kennzahl des PRODUKTIONSWERKs.

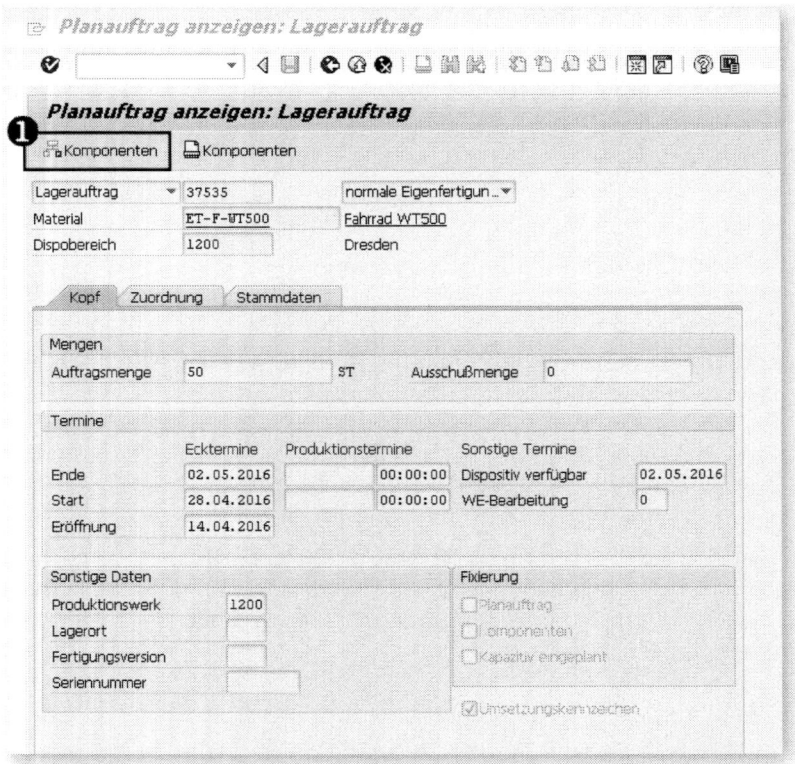

Abbildung 4.1: Planauftrag anzeigen, Kopfdaten

Die Durchlaufzeit eines Planauftrags, (d. h. der Abstand zwischen Eckend- und Eckstarttermin) ergibt sich aus der Eigenfertigungszeit, die im Materialstamm hinterlegt wurde. Durch diese errechnet sich der Bedarfstermin, zu dem die Komponenten verfügbar sein müssen. Sie finden diesen in der KOMPONENTENÜBERSICHT des Planauftrags (siehe Abbildung 4.2, ❶).

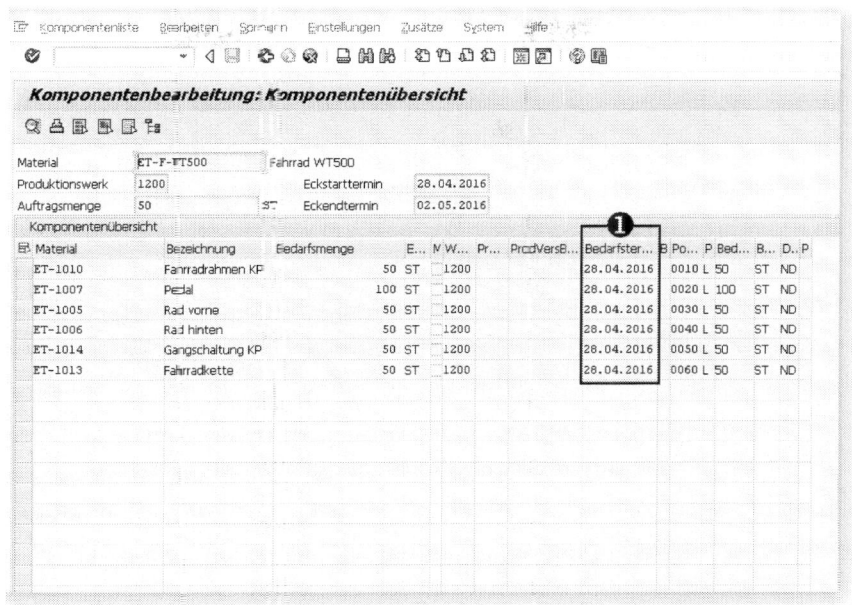

Abbildung 4.2: Planauftrag anzeigen, Komponentenübersicht

4.3 Material Requirements Planning

Die Materialplanung erfolgt im SAP ERP mithilfe eines Programmes, das in der Regel jede Nacht ausgeführt wird. Um dessen Laufzeit im Rahmen zu halten, was insbesondere bei einer großen Anzahl an Materialien notwendig ist, kommt die sogenannte *Net-Change-Planung* zum Einsatz. Sie läuft über die separate Datei *Planungsvormerkungstabelle*, in der tagsüber bei allen Materialien ein Kennzeichen gesetzt wird, bei denen planungsrelevante Änderungen durchgeführt werden. Im Planungslauf werden daraufhin nachts lediglich die entsprechend gekennzeichneten Materialien geplant und die Kennzeichnung wird anschließend wieder gelöscht. Als »planungsrelevanter Vorgang« gelten beispielsweise die Erfassung oder Änderung eines Kundenauftrags, das Erstellen eines SK-BEDs (durch Anlegen eines Planauftrags) oder die Änderung der Dispositionsparameter im Materialstamm.

87

Der zweite wichtige Wert für die Durchführung der Materialplanung ist die *Dispositionsstufe*. Diese wird jedem Material zugeordnet und aktualisiert, sobald sie als Komponente in einer Stückliste Verwendung findet. Die Angabe beschreibt die niedrigste Stufe, auf der das Material in allen Stücklistenhierarchien eingebunden ist. Diese Information wird im Planungslauf benötigt, damit zunächst alle bedarfsverursachenden Materialien geplant werden können, bevor die Beschaffungsvorschläge für das Material erzeugt werden.

Für jedes Material wird nun zunächst der sogenannte *Bruttobedarf* ermittelt, und zwar im Rahmen der *Bedarfsrechnung*. Dabei werden die Materialmengen aus Planprimärbedarfe, Kundenaufträgen, Umlagerungsaufträgen und/oder Sekundärbedarfen gemäß den Materialstammeinstellungen addiert.

Der Bedarfs- steht die *Bestandsrechnung* gegenüber. In dieser werden die gültigen Bestände und zulässigen, bereits geplanten Zugänge ermittelt.

Werden die beiden Ergebnisse aus Bestands- und Bedarfsrechnung in Beziehung zueinander gesetzt, erhält man den Nettobedarf und spricht dementsprechend von einer *Nettobedarfsplanung*. Wenn lediglich der Bruttobedarf zur Planung herangezogen wird, liegt eine *Bruttobedarfsplanung* vor.

In der *Bestellrechnung* schließlich wird bei einer Unterdeckungssituation unter Anwendung der Losgrößeneinstellungen aus dem Materialstamm ein Bedarfsdeckungselement erzeugt. Dieses gibt an, zu welchem Termin mit welcher Beschaffungsmenge die Unterdeckung ausgeglichen sein soll.

Beim nächtlichen Start des MRP-Laufs wird für jedes Material, beginnend beim ersten der kleinsten Dispositionsstufe, eine *Nettobedarfsrechnung* durchgeführt. Dabei werden vom derzeit verfügbaren Lagerbestand alle Bedarfe in chronologischer Abfolge subtrahiert und alle festen Zugänge addiert. Dadurch entsteht eine Zeitreihe der verfügbaren Mengen. Wenn dieser Wert negativ wird, kommt es zu einer sogenannten *Unterdeckung* des Bestandes, zu deren Termin im MRP-Lauf ein neuer Bedarfsdecker (= *Planauftrag*) angelegt wird.

Ein Planauftrag ist ein Element, das angibt, wann eine bestimmte Menge des Materials benötigt wird, um eine Unterdeckungssituation zu vermeiden. Damit wird nicht ausgesagt, ob die hierfür benötigten Komponenten bereits verfügbar sind oder die Herstellung kapazitiv möglich ist. Die Beschaffungsmenge des Planauftrags wird durch das im Materialstamm eingetragene Losgrößenverfahren bestimmt und zur Zeitreihe der verfügbaren Mengen hinzugerechnet. Kommt es nach wie vor zu einer Unterdeckung, werden so lange Planaufträge erzeugt, bis diese ausgeglichen ist.

Im Anschluss werden im MRP-Lauf zunächst die anderen Materialien dieser und dann die der weiteren Dispositionsstufen geplant. Die Ergebnisse dieser Nettobedarfsrechnungen werden in sogenannten *Dispositionslisten* gespeichert, damit der zuständige Disponent die Rechnung bei Bedarf nachvollziehen kann. Mittels dieser Listen kann er auch kritische Situationen, welche in der Planung aufgetreten sind, identifizieren und beheben.

In unserem Beispiel geht der Vertrieb davon aus, dass das neue Fahrrad ab Mai 2016 verkauft wird, und hat entsprechend der gesteckten Erwartungen Vorplanungsbedarfe erfasst (siehe Abbildung 4.3).

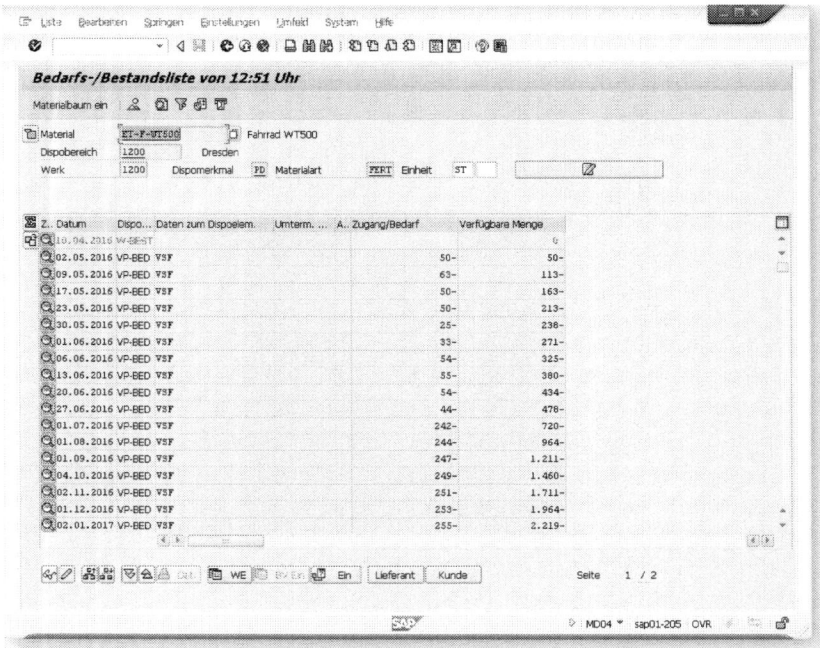

Abbildung 4.3: Bedarfs-/Bestandsliste ET-F-WT500, Primärbedarfe

In der Spalte VERFÜGBARE MENGE ist ersichtlich, dass ein negativer Lagerbestand ab März eine Unterdeckungssituation verursachen würde. In der Materialbedarfsplanung wird SAP ERP nun, entsprechend dem eingestellten Losgrößenverfahren, Planaufträge zur Bedarfsdeckung erstellen. Für das Fahrrad wurde die exakte Losgröße vorgegeben, also zu jedem Bedarfselement genau ein Bedarfsdecker erstellt. Jeder angelegte Planauftrag (siehe Abbildung 4.4) erzeugt entsprechend seiner Durchlaufzeit und Stückliste Sekundärbedarfe bei den Komponenten.

DISPOSITION

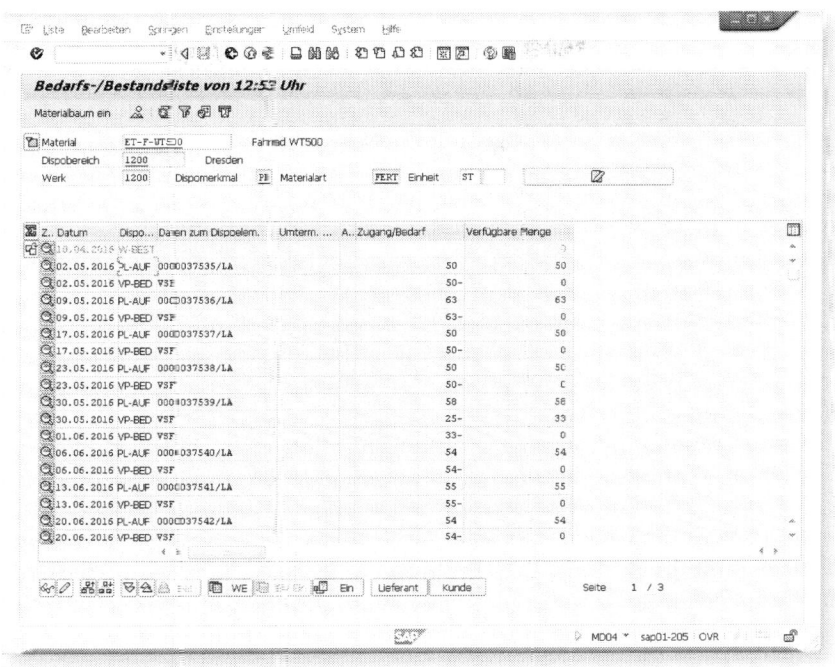

Abbildung 4.4: Bedarfs-/Bestandsliste ET-F-V/T500, mit Planaufträgen

Einer dieser Bestandteile wird nachfolgend genauer vorgestellt: Wie aus der BEDARFS-/BESTANDSLISTE in Abbildung 4.5 hervorgeht, liegt der im April 2016 verfügbare Lagerbestand für das Hinterrad (Material ET-1006) bei 460 ST. Von diesem werden (pro Monat) die Sekundärbedarfe abgezogen, um die noch verfügbare Menge zu ermitteln. Wie Sie in dieser Abbildung deutlich sehen, kommt es erst am 23. Juni zu einer Unterdeckung.

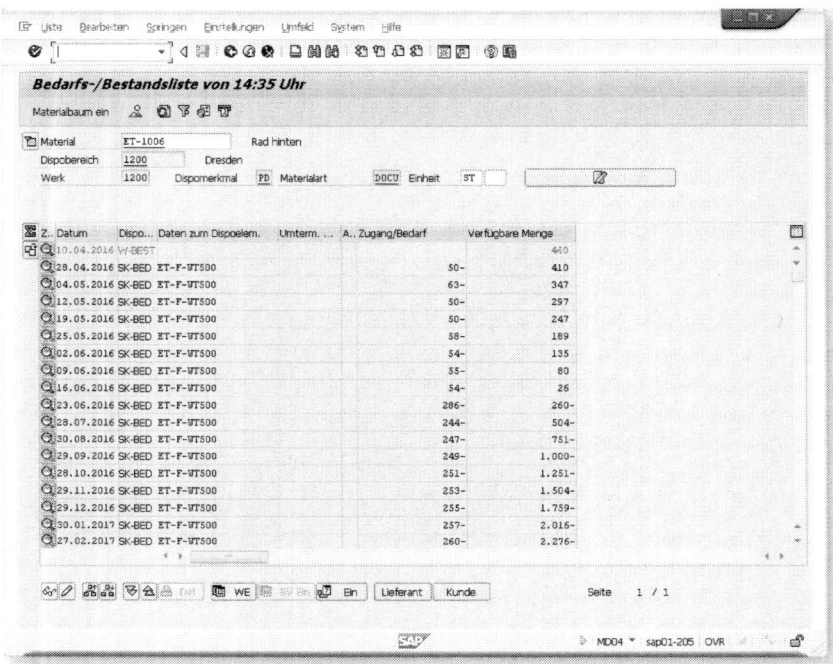

Abbildung 4.5: Bedarfs-/Bestandsliste ET-1006, Sekundärbedarfe

Das Hinterrad wird mit einer festen Losgröße disponiert, da mit dem Lieferanten eine Abnahme von genau 1.000 Stück vereinbart ist. Die Materialbedarfsplanung wird also bei jeder Unterdeckung einen Planauftrag mit der entsprechenden Menge anlegen. Wie Sie in Abbildung 4.6 erkennen können, verbleibt so stets eine gewisse Restmenge im Lager.

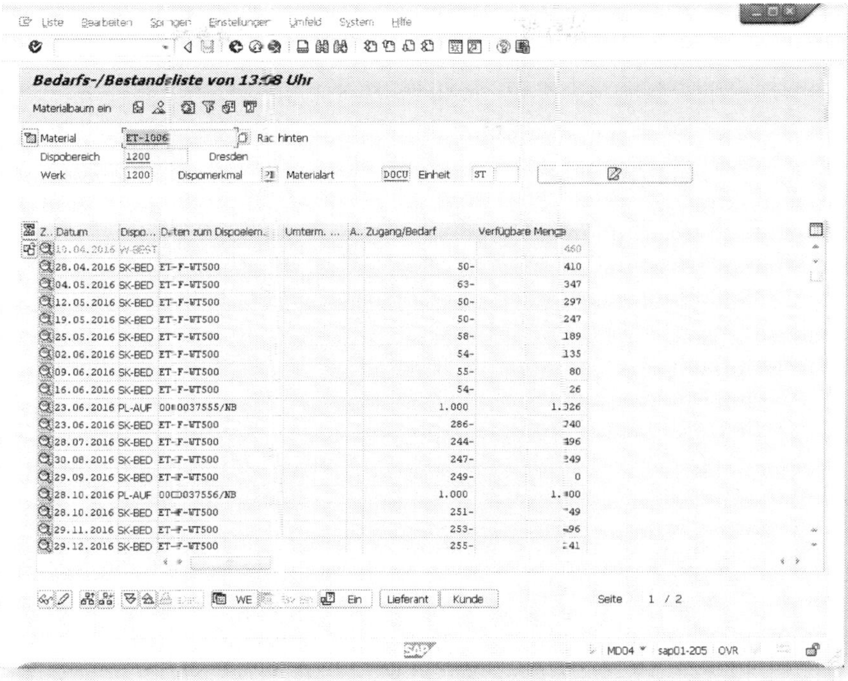

DISPOSITION

Abbildung 4.6: Bedarfs-/Bestandsliste ET-1006, mit Planaufträgen

Ausführen der Materialbedarfsplanung und Auswerten der Ergebnisse

Die Materialbedarfsplanung ist das Herzstück der Produktionsplanung: Sie ermittelt die zu fertigenden Stückzahlen über alle Stücklistenstufen. Wie Sie eine Materialbedarfsplanung starten und anschließend auswerten, können Sie in diesem Video sehen unter dem bereits bekannten Link:

http://pp.espresso-tutorials.de/

4.4 Auswertungen

Wie in Abschnitt 4.3 bereits erwähnt, wird von jedem geplanten Material ein Abbild der Bedarfs-/Bestandssituation nach dem Materialbedarfsplanungslauf erstellt: die sogenannte *Dispositionsliste*. Um diese für die Planung unseres Fahrrades anzuzeigen, stehen Ihnen die Transaktionen MD05 oder MD06 zur Verfügung. Dabei ist der Sammeleinstieg über die MD06 die sinnvollere Variante, damit Sie alle Materialien des Fahrrades auf einen Blick sehen. Sie rufen die Transaktion auf und tragen dort den DISPONENTen 000 und das WERK 1200 ein. Anschließend können Sie weitere Filterkriterien ergänzen, um das Suchergebnis zu präzisieren. Auf diese Weise können Sie Artikel, die verbrauchsgesteuert disponiert werden, durch eine Beschränkung auf das DISPOMERKMAL PD ausschließen. Durch einen Klick auf die 🖫-Schaltfläche können Sie Ihre Selektionsbedingungen als Standardeinstellung sichern. Den beispielhaften Einstieg in die Transaktion verdeutlicht Abbildung 4.7. Sie bestätigen die gesamte Auswahl mithilfe der (Enter)-Taste.

Im sich nun öffnenden Fenster sehen Sie eine Aufstellung aller Dispositionslisten, die den gewählten Selektionsbedingungen entsprechen. Diese Tabelle können Sie sortieren und durchsuchen, um besser diejenigen Materialien zu selektieren, deren Dispositionslisten Sie anzeigen wollen. Dazu wählen Sie im Menü BEARBEITEN die Funktion SUCHEN, um in die Suchmaske zu gelangen. Alternativ können Sie die Tastaturkombination [Strg] + [F] drücken. So ist beispielsweise die Suche nach bestimmten Dispositionselementen möglich. Die Materialien, die den Suchkriterien entsprechen, werden nach Ausführen der Suche in der Tabelle markiert. Wenn Sie sich die zu den Markierungen gehörenden Dispositionslisten anzeigen lassen wollen, klicken Sie auf MARKIERTE DISPOLISTEN (siehe Abbildung 4.8).

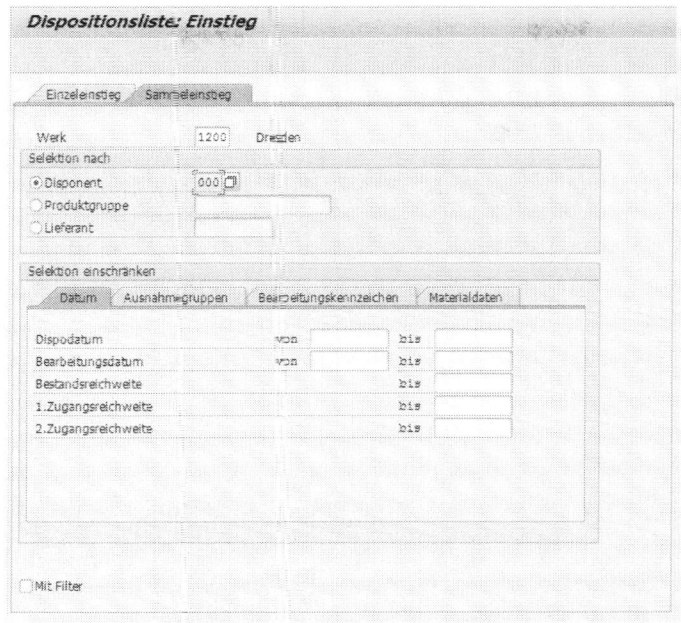

Abbildung 4.7: Einstieg in die Transaktion MD06

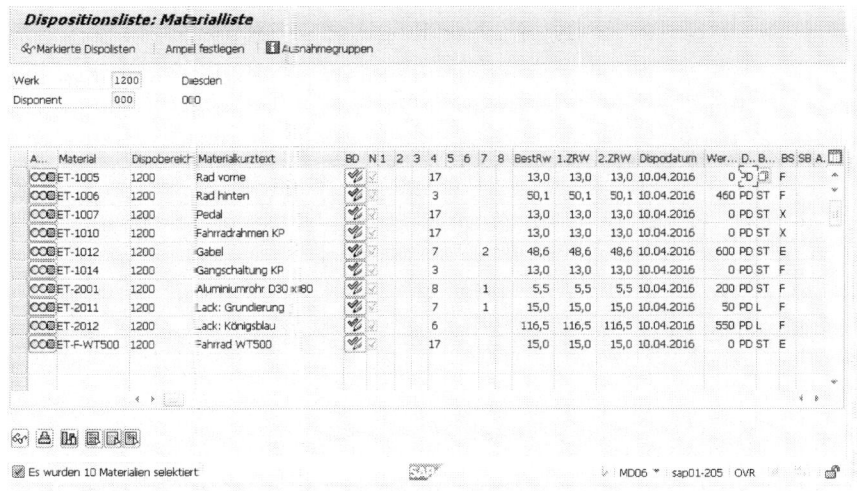

Abbildung 4.8: `Materialliste` in Transaktion `MD06`

In der nun folgenden Ansicht (Abbildung 4.9) werden links eine Liste mit allen selektierten MATERIALien ❶ sowie im Hauptteil die Darstellung der Bedarfe, Bestände und Zugänge direkt nach der Nettobedarfsrechnung ❷ abgebildet. Im oberen Teil des Fensters ❸ können Sie sich zusätzliche Daten anzeigen lassen. Eine Dispositionsliste umfasst Angaben zur Disposition und in deren Rahmen aufgetretenen Ausnahmesituationen sowie Daten aus den Dispositionssichten des Materialstammsatzes bzw. Verbrauchsdaten der letzten Monate.

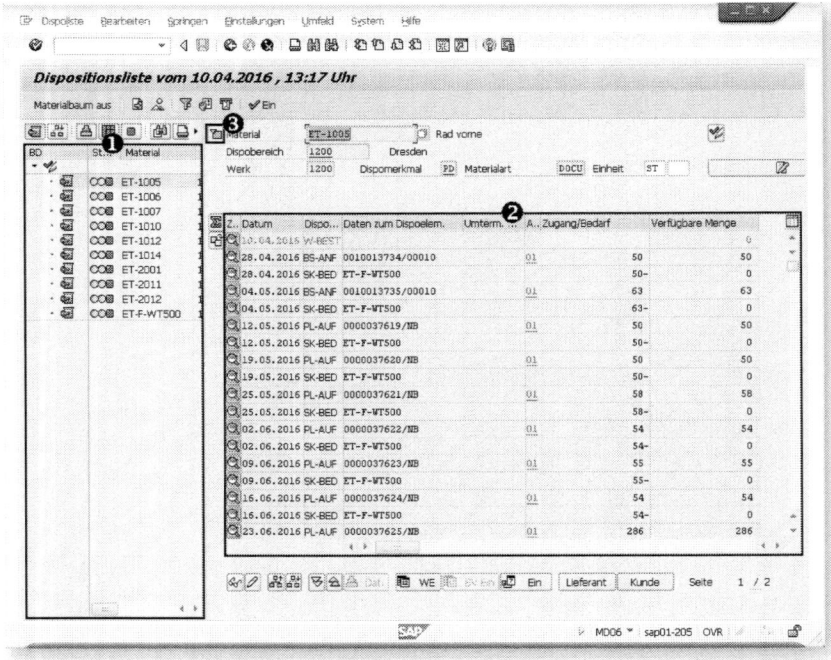

Abbildung 4.9: Dispositionsliste mit Materialliste

Sie können diese Ansicht individuell an Ihre Bedürfnisse anpassen. Über den Menüpfad UMFELD • EIGENE FAVORITEN • PFLEGEN erreichen Sie ein Konfigurationsmenü (siehe Abbildung 4.10), in dem Sie häufig benötigte Transaktionen als *Favoriten* anlegen können. Diese erscheinen dann in der Funktionsleiste unterhalb der Menüfunktionen. Sie müssen dazu nur den Transaktionscode, ein Icon sowie einen Text auswählen und anschließend die Ansicht speichern.

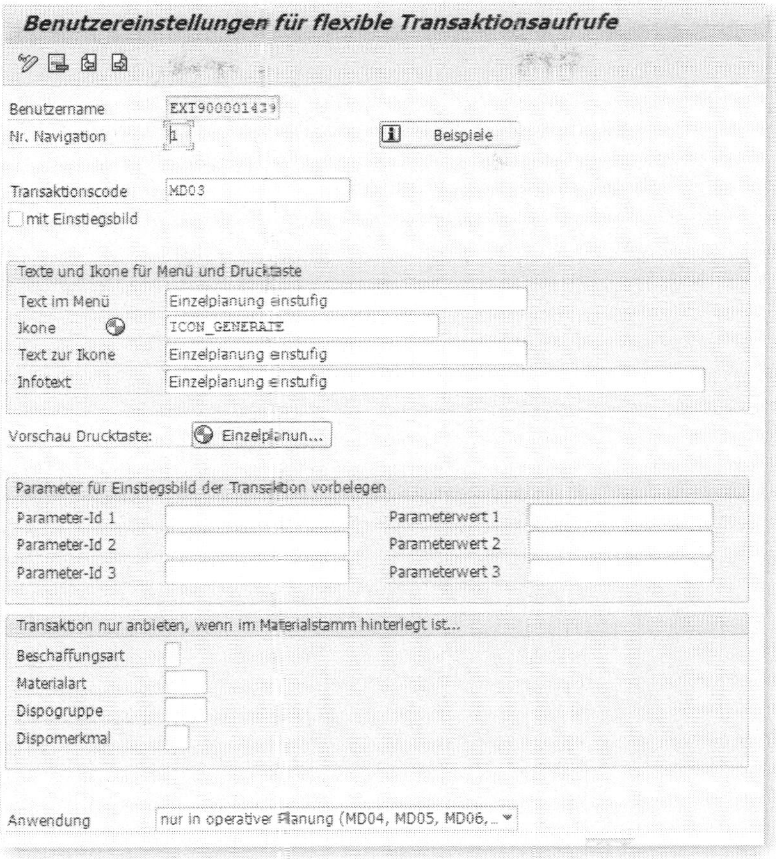

Abbildung 4.10: Erstellung eines eigenen Favoriten

Sollten Sie nähere Informationen zur Materialsituation eines bestimmten Auftrags benötigen, wählen Sie diesen aus und betätigen die kleine Schaltfläche neben dem Werksbestand (siehe ❶ in Abbildung 4.11). Anstelle der Materialliste sehen Sie nun einen Auftragsbericht ❷, der die Stückliste des Materials mit dem Bedarfstermin des selektierten Auftrags sowie die Elemente anzeigt, die diesen Bedarf decken. Das können sowohl Bestände als auch andere Zugangselemente wie Planaufträge oder Bestellanforderungen sein. Diesen Darstellungen können Sie ebenfalls entnehmen, ob es bei der Versorgung des Auftrags zu Ausnahmemeldungen bei den Komponenten kommt.

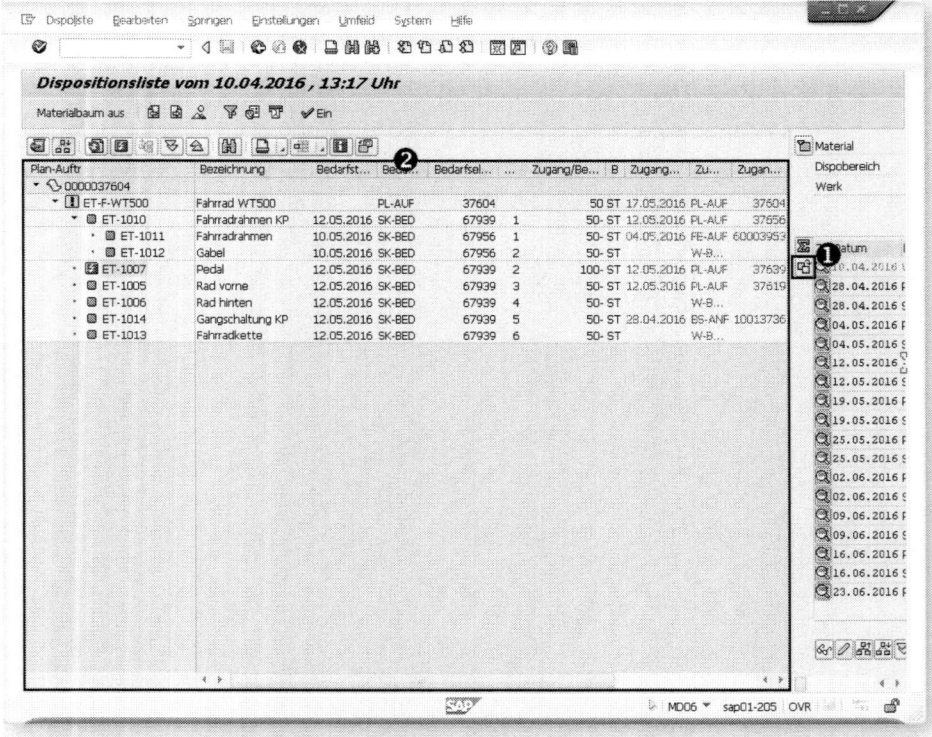

Abbildung 4.11: Auftragsbericht in Transaktion MD06

Bezüglich des Aufbaus und der Funktionen gleichen sich die Dispositions- und die aktuellen Bedarfs-/Bestandslisten. Sie unterscheiden sich einzig hinsichtlich der angezeigten Daten. Folglich gelten die bereits dargelegten Informationen zum Transaktionseinstieg, zur Übersichtstabelle beim Sammeleinstieg und zur eigentlichen Liste ebenso für die Transaktionen MD04 und MD07 (aktuelle Bedarfs-/Bestandsliste). Der Unterschied besteht darin, dass die MD04-Transaktion stets die aktuelle Situation anzeigt, die sich seit der Disposition geändert haben kann. Sie sollten sie daher verwenden, wenn Sie während des Arbeitstages Änderungen an der Planung eines Artikels vorgenommen haben und die Auswirkungen analysieren möchten.

> **Bedarfs-/Bestandsliste mehrerer Materialien**
>
>  SAP hat mit Enhancement Package 2005.2 zusätzliche Funktionen für die Bedarfs-/Bestandsliste zur Verfügung gestellt. Wenn in Ihrem SAP-System die Business Function LOG_PP_LMAN aktiviert ist, sehen Sie in den Transaktionen MD04 und MD07 zusätzliche Registerkarten, mit denen Sie zusammengeführte Listen aufrufen können. Dies kann zum einen eine werksübergreifende Darstellung zur Planungssituation eines Materials sein, zum anderen eine Übersicht zur Planungssituation aller Materialien einer Produktgruppe in einem Werk. Diese Funktion können Sie in den Einstellungen nach Ihren Bedürfnissen anpassen.

Eine weitere Funktion zur Auswertung der aktuellen Planungssituation ist die in Abbildung 4.12 dargestellte Transaktion MD48. Hier können Sie sich auf Grundlage eines Monatsrasters einen Überblick über die Situation eines Materials verschaffen. Sie sehen neben der Menge der Kundenaufträge, der Höhe des Bestandes und dem Umfang der Vorplanung bzw. der Planaufträge, wie hoch die Zugänge aus Fertigungsaufträgen sind. Die Transaktion erlaubt es Ihnen, zu den verschiedenen Elementen zu wechseln, um diese genauer zu untersuchen.

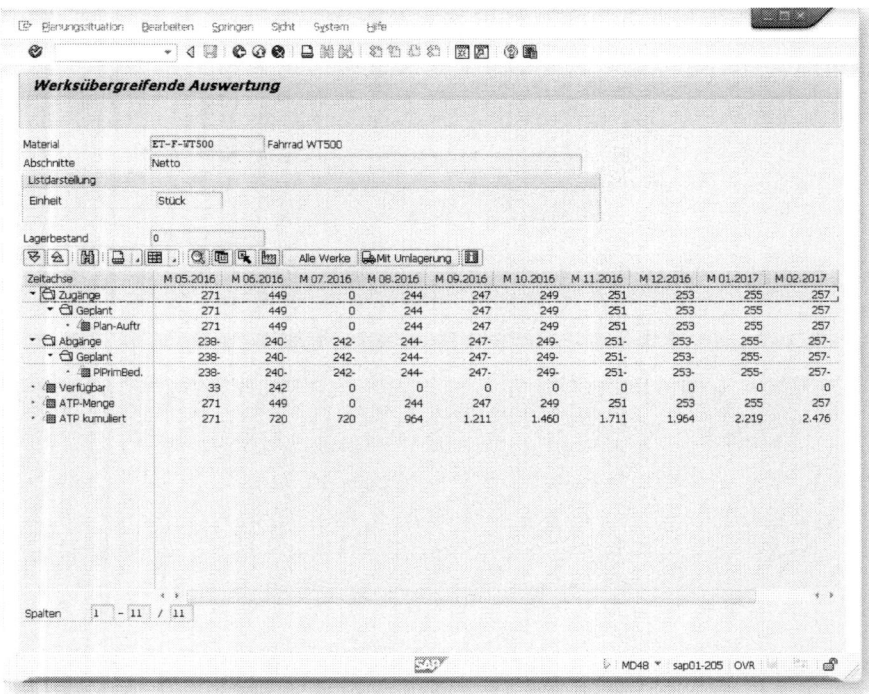

Abbildung 4.12: Planungsübersicht in Transaktion MD48

Die letzte Transaktion bildet den Übergang zur Fertigungssteuerung. Mit der Funktion C041 PLANAUFTRÄGE UMSETZEN bietet sich Ihnen die Möglichkeit, alle Planaufträge unter Berücksichtigung des Eröffnungstermins zu selektieren und in einer Massenbearbeitung in Fertigungsaufträge umzuwandeln. Dies ist bei Weitem die einfachste Art, diese Auftragseröffnung durchzuführen. Nachdem Sie die Transaktion aufgerufen haben, wählen Sie in unserem Beispiel den DISPONENTEN 000 aus und tragen als spätestes Eröffnungsdatum den aktuellen Tag ein. Die darauffolgende Liste (siehe Abbildung 4.13) enthält alle Planaufträge, deren Eröffnungstermin entweder erreicht oder sogar schon überschritten wurde. Durch einen Klick auf die entsprechende Schaltfläche selektieren Sie alle Aufträge ❶ und wandeln sie mithilfe der Funktion UMSETZEN ❷ in Fertigungsaufträge um.

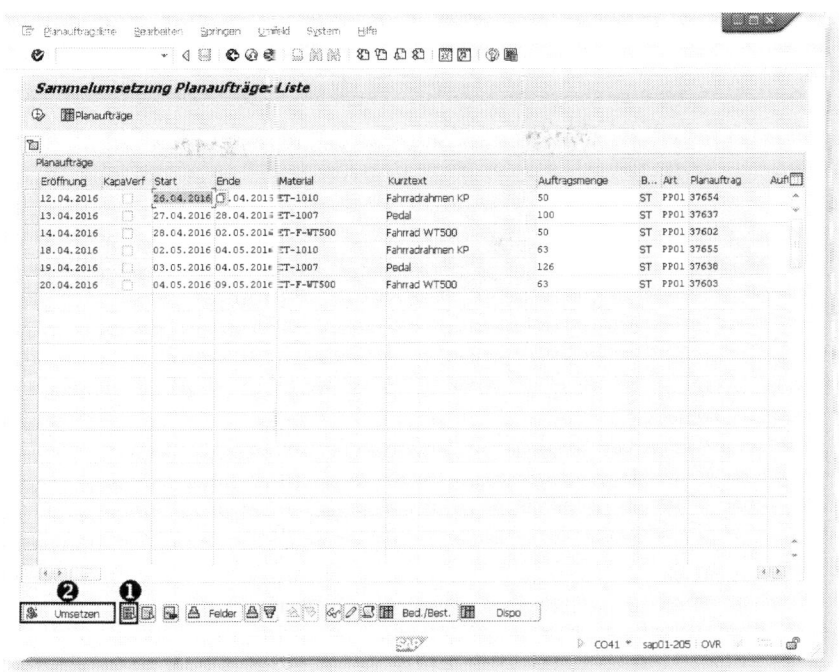

Abbildung 4.13: Sammelumsetzung Planaufträge CO41

4.5 Zusammenfassung

In diesem Kapitel habe ich Ihnen die wichtigsten Aspekte der Bedarfsplanung im SAP ERP vorgestellt. Ausgehend von den Vorplanungsbedarfen der Absatz- und Produktionsgrobplanung (vgl. Kapitel 3), wurde für die gesamte Struktur unseres Fahrrades eine Materialbedarfsplanung durchgeführt. Sie konnten lernen, inwiefern sich die Bedarfe auf die Disposition auswirken und welche Funktion Planaufträge erfüllen. Abschließend konnten wir die Ergebnisse der Disposition mit unterschiedlichen Werkzeugen analysieren und Fertigungsaufträge erzeugen. Detailliertere Informationen zu diesen Elementen und dazu, wie mit ihrer Hilfe die Produktion gesteuert und abgebildet wird, gibt das folgende Kapitel.

5 Fertigungssteuerung

Damit die geplante Fertigung optimal durchgeführt und überwacht werden kann, müssen Fertigungsaufträge erstellt werden. Im Folgenden werde ich Ihnen erklären, wie diese aufgebaut sind und wie Sie effektiv mit ihnen arbeiten.

5.1 Fertigungsauftrag

Fertigungsaufträge sind eigenständige Elemente der Fertigungssteuerung. Sie werden verwendet, um den Fertigungsdurchlauf darzustellen, Fertigungspapiere zu drucken, den Abarbeitungsgrad zu dokumentieren, Materialentnahmen zu erfassen und die zur Herstellung notwendige Fertigungsleistung zu buchen. Sie sehen, dass der Auftrag in der Steuerung eine zentrale Rolle spielt. Daher sollen zunächst Grundlagen für den Aufbau eines Fertigungsauftrags skizziert werden.

Ein Fertigungsauftrag besteht, wie z. B. auch ein Materialstamm, aus unterschiedlichen Sichten (vgl. Abschnitt 2.1). Er vereint die Stammdaten »Arbeitsplan« und »Stückliste« mit den sogenannten Kopfdaten. Damit nicht jede Änderung im Rahmen der Fertigungssteuerung sofort eine Anpassung der Stammdaten hervorruft, wird beim Anlegen eines Fertigungsauftrags eine Kopie des Arbeitsplans und der Stückliste speziell für dieser Auftrag erzeugt (siehe Abbildung 5.1). Sie können Fertigungsaufträge sowohl aus einem Planauftrag erstellen (vgl. Abschnitt 4.4) als auch mit der Transaktion C001 (SAP MENÜ • LOGISTIK • PRODUKTION • FERTIGUNGSSTEUERUNG • AUFTRAG • ANLEGEN) manuell anlegen. Die Bearbeitung des angelegten Auftrags erfolgt mittels der Transaktion C002.

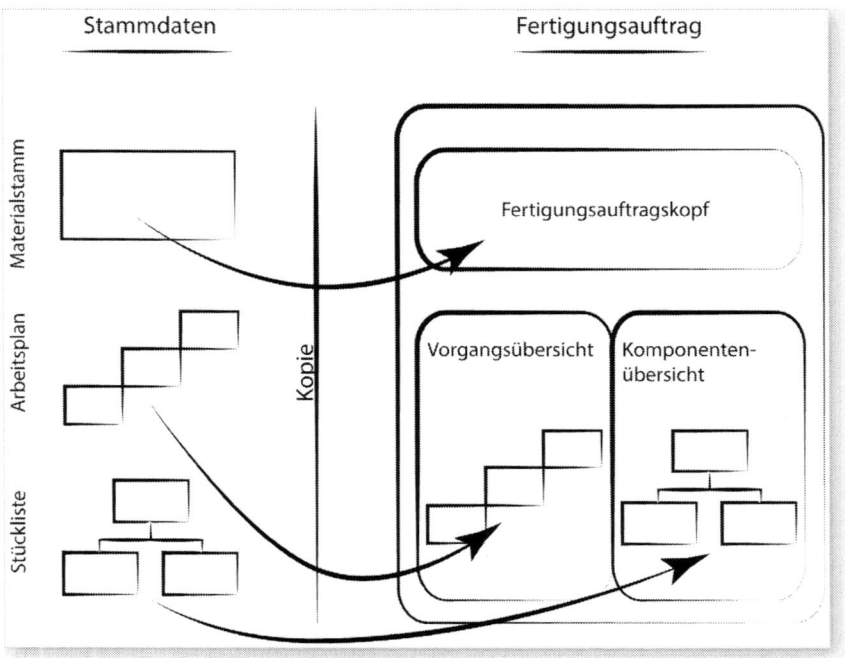

Abbildung 5.1: Zusammenspiel Stammdaten – Fertigungsauftrag

Das Einstiegsbild eines Fertigungsauftrags (hier am Beispiel einer Fahrradgabel, siehe Abbildung 5.2) zeigt in der Regel die Kopfdaten; sie vereinen insbesondere organisatorische Angaben und Steuerungsparameter für die geplante Auftragsabwicklung. So werden hier z. B. die Ecktermine, die Durchführungstermine vom ersten bis zum letzten Vorgang sowie das Freigabedatum angezeigt und den tatsächlich gemeldeten Ist-Terminen gegenübergestellt. Auf den weiteren Reitern sind vor allem Steuerungsparameter zu finden, u. a. für Warenbewegungen, Kalkulation und Terminierung. Ebenso sind der Schlüssel des Disponenten, die verwendete Stückliste sowie der genutzte Arbeitsplan hier hinterlegt.

Im Kopfbereich der Seite finden Sie grundlegende Daten wie AUFTRAGSNUMMER, MATERIAL, WERK und AUFTRAGSART. Die angewandte Terminierungsart und die berücksichtigten Pufferzeiten stehen unterhalb der Kopfdaten. Hier kann auch eine Aufstellung der Gesamt- und Ausschussmengen sowie der bereits gelieferten Stückzahlen abgerufen werden.

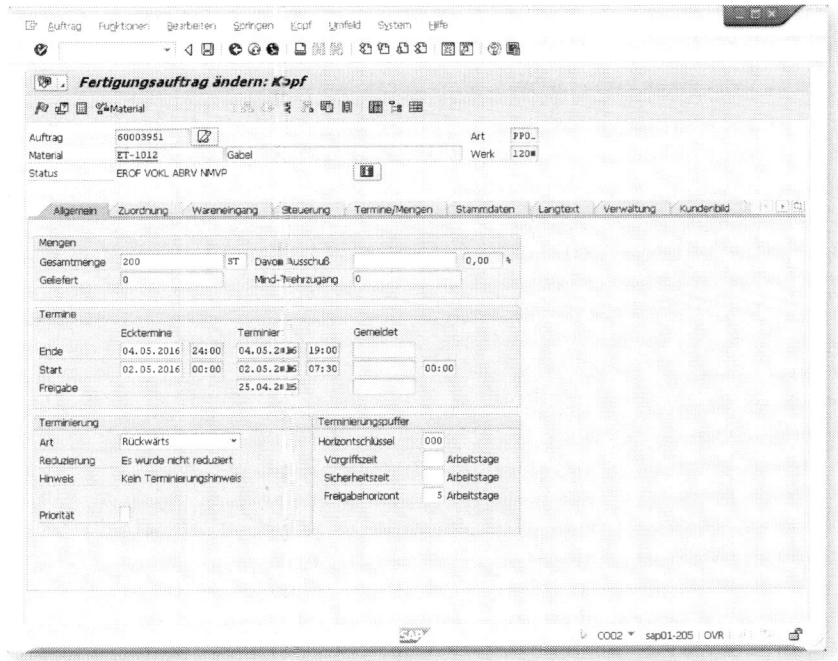

Abbildung 5.2: Auftragskopfdaten, Fertigungsauftrag Gabel

Den Arbeitsplan, der die Grundlage für die Auftragsdurchführung bildet, finden Sie unter der VORGANGSÜBERSICHT (siehe Abbildung 5.3). Hier sind die aus dem Normalarbeitsplan (vgl. Abschnitt 2.4) übernommenen Daten mit den Terminen der Durchlaufterminierung ergänzt worden. Jeder Vorgang eines Auftrags hat weiterhin einen Status und eine individuelle Rückmeldenummer, mit der man eine Leistungs- und/oder Mengenrückmeldung durchführen kann.

> **Spaltenanordnung individualisieren**
>
>  Diese Übersicht, wie auch viele andere, können Sie durch Verschieben der Spalten(köpfe) mit der Maus Ihren Bedürfnissen anpassen und anschließend als Vorgabe speichern. Dazu klicken Sie auf das Symbol rechts neben den Spaltenköpfen.

Es ist möglich, von dieser Ansicht in die der Vorgangsdetails zu wechseln: entweder durch einen Doppelklick auf die Vorgangsnummer oder über die entsprechende Schaltfläche.

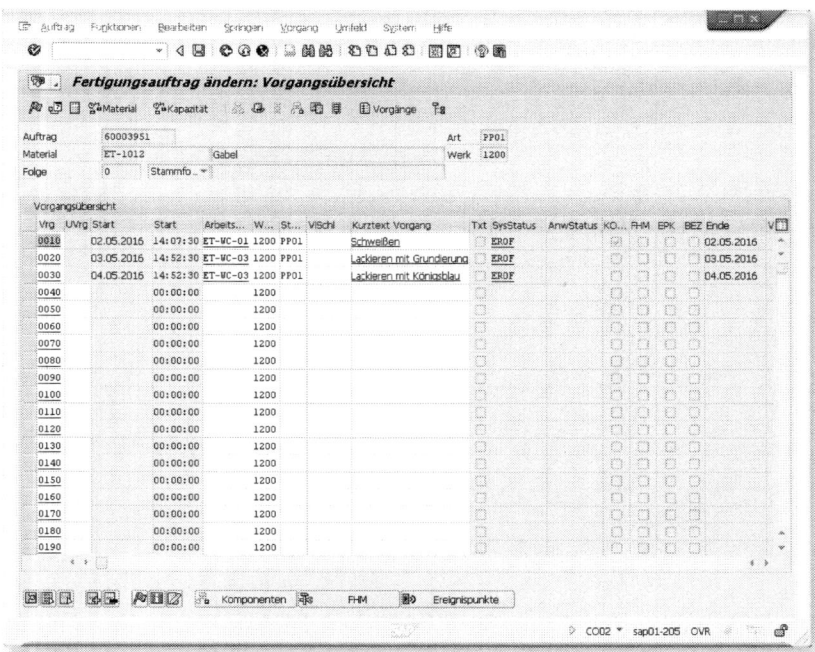

Abbildung 5.3: Vorgangsübersicht, Fertigungsauftrag Gabel

Auch die Stückliste wird für den Auftrag kopiert und mit weiteren Daten angereichert. Sobald Sie die einzelnen Teile einem Vorgang zugeordnet haben, wird für jede Komponente – die entsprechende Konfiguration vorausgesetzt – der individuelle Bedarfstermin aus dem Vorgang genommen. Die Zuordnung bewirkt also, dass sich der Bedarfstermin der Komponente vom Eckstarttermin des Auftrags auf den Starttermin des entsprechenden Vorgangs verschiebt. In der Auftragsstückliste wird beispielsweise für jede einzelne Komponente dokumentiert, ob und wie viel von diesem Material bereits entnommen wurde (siehe Abbildung 5.4).

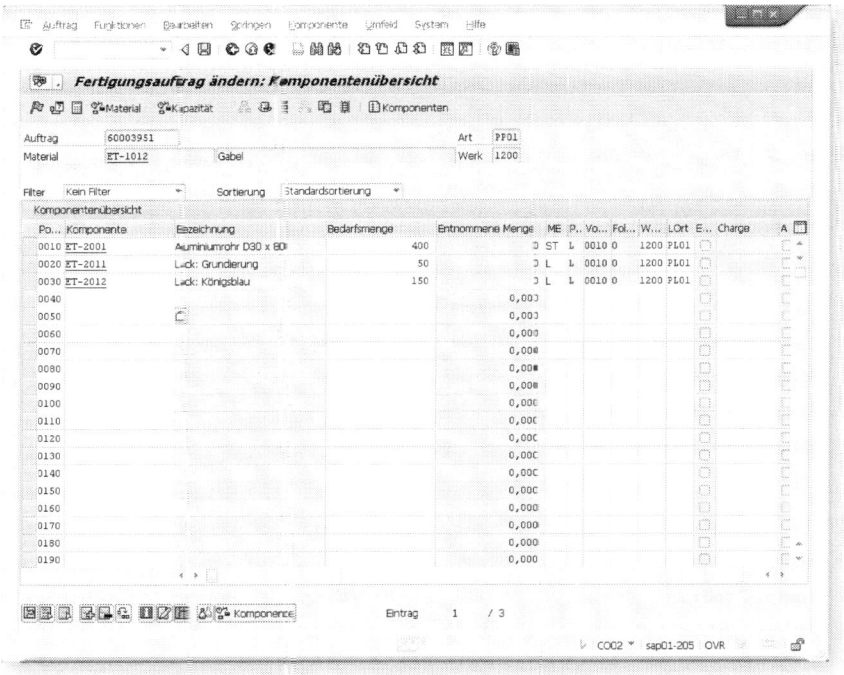

Abbildung 5.4: Komponentenübersicht, Fertigungsauftrag Gabel

Sie wechseln zwischen diesen Ansichten am einfachsten mit den Schaltflächen in der Symbolleiste des Auftrags (siehe Abbildung 5.5). Hier finden Sie auch die wichtigsten Funktionen zur Bearbeitung des Auftrags, beispielsweise für dessen Freigabe oder Terminierung.

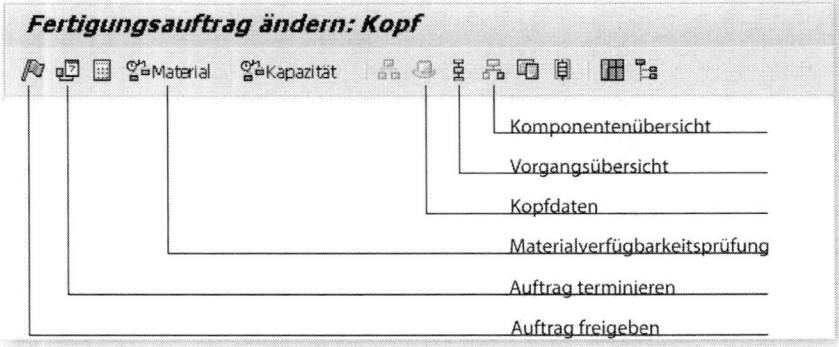

Abbildung 5.5: Symbolleiste im Fertigungsauftrag

5.2 Terminierung

Eine der wichtigsten Funktionen des Fertigungsauftrags ist die *Durchlaufterminierung*. Dabei wird, je nach Einstellung, vom Eckstarttermin des Planauftrags vorwärts oder vom *Eckende*-Termin rückwärts terminiert.

Vorwärts-/Rückwärtsterminierung

Die Entscheidung, ob vorwärts oder rückwärts terminiert wird, hängt von dem verwendeten Dispositionsverfahren ab.

Bei einer plan-, also bedarfsgesteuerten Disposition werden Sie vom Bedarf ausgehend rückwärts rechnen. Bei einer Meldebestandsdisposition hingegen rechnen Sie bei der Anlage des Auftrags vom Tag der Erstellung an vorwärts.

Die für die Terminierung notwendigen Daten erhält SAP ERP aus dem kopierten Arbeitsplan, den dazugehörigen Arbeitsplätzen sowie aus dem *Horizontschlüssel*, der aus dem Materialstamm in die Kopfdaten übernommen wurde.

Ein Fertigungsauftrag besteht aus einer Vielzahl unterschiedlicher Termine und Terminierungsparameter. Ich werde Ihnen anhand von Abbildung 5.6 die wichtigsten Werte vorstellen.

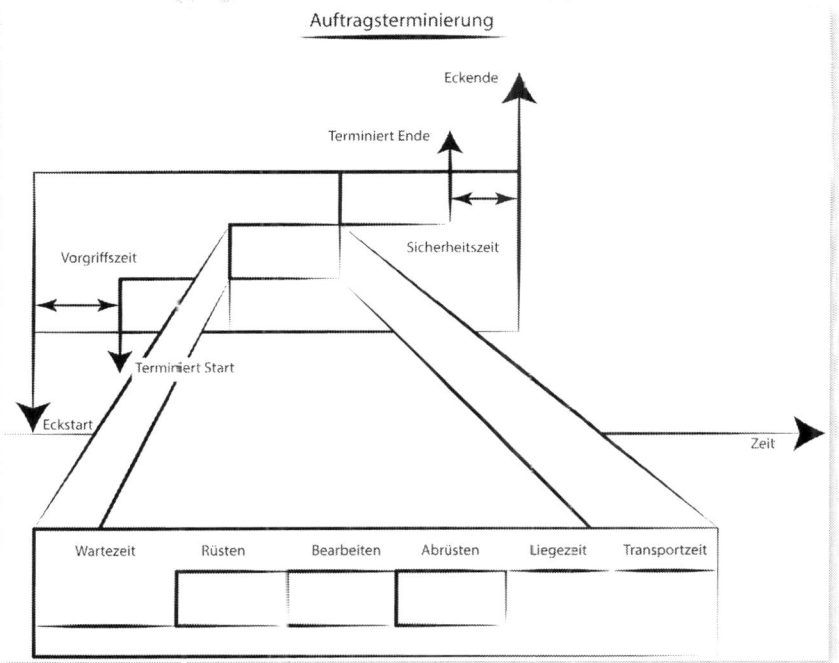

Abbildung 5.6: Auftrags- und Vorgangsterminierung

Jeder Auftrag umfasst zwei Ecktermine, die den Auftrag in Beziehung zu anderen Aufträgen setzen. Der *Eckstart*-Termin legt den Bedarfszeitpunkt für die Komponenten fest und das *Eckende*-Datum gibt Aufschluss darüber, wann die Produktion abgeschlossen ist. Beide Daten werden immer auf Tagesbasis gebildet – d. h., sie sind nicht uhrzeitbestimmt.

Die terminierten Start- und Endpunkte des Auftrags stellen bereits Termine von Produktionsvorgängen dar und werden durch Zeitpuffer von den Eckdaten getrennt. Das *terminierte Ende* ist der Schlusszeitpunkt des letzten Arbeitsvorgangs des Auftrags und wird durch die *Sicherheitszeit* vom *Eckende*-Termin getrennt. Der Beginn des ersten

109

Vorgangs ist gleichzeitig der *terminierte Start* und liegt um die *Vorgriffszeit* versetzt hinter dem *Eckstart*-Termin. Diese Termine werden unter Berücksichtigung der Verfügbarkeit des benötigten Arbeitsplatzes gebildet und geben eine Uhrzeit vor (siehe auch Abbildung 5.2).

Zwischen beiden Terminen reihen sich die Fertigungsvorgänge aneinander. Jeder dieser Vorgänge besteht aus unterschiedlichen Abschnitten, die alle minutengenau geplant werden: Die *Wartezeit* gibt die benötigte Zeit von der »Ankunft« eines Auftrags am Arbeitsplatz bis zum Start des Rüstens an. Da es sich bei diesem Puffer um einen Mittelwert handelt, ist nicht klar, ob er im Einzelfall tatsächlich so groß wie angenommen ist. Folglich führt das Eintragen einer Wartezeit dazu, dass im ERP für jeden Vorgang sowohl eine früheste (ohne Wartezeit) als auch eine späteste Lage der Termine (mit voller Wartezeit) gebildet werden. Tatsächlich wird der Auftrag dann zwischen diesen beiden Extremlagen ausgeführt.

Rüsten, *Bearbeiten* und *Abrüsten* sind die Abschnitte, in denen der Arbeitsplatz in Anspruch genommen wird. Beim Rüsten wird der Arbeitsplatz/die Maschine auf den Auftrag vorbereitet – es werden bspw. Werkzeuge bereitgelegt, Prüfmittel organisiert und das Maschinenprogramm geladen. Die Rüstzeit ist nicht von der Stückzahl des Auftrags abhängig. Die Bearbeitung beschreibt den Zeitraum, in dem – wie die Bezeichnung schon verrät – die Werkstücke bearbeitet werden, und ist von der gefertigten Stückzahl abhängig. Nach der Bearbeitung wird die Maschine abgerüstet bzw. gereinigt. Die hierfür benötigte Zeit ist wiederum mengenunabhängig.

Wenn es technologische Besonderheiten gibt, die einen sofortigen Transport der Ware zum nächsten Arbeitsplatz verhindern, z. B. das Abkühlen von Härtegut oder das Trocknen lackierter Teile, dann ist dies eine (prozessbedingte) *Liegezeit*. Der letzte Abschnitt eines Vorgangs ist schließlich die *Transportzeit* zum Nachfolger.

Wir schauen uns die vorgestellte Terminierung anhand eines Auftrags zur Fertigung der Fahrradgabel im Folgenden noch einmal genauer an. Für diesen Auftrag ist die Rückwärtsterminierung eingestellt; für die Vorwärtsrechnung gelten dieselben Beziehungen und Abhängigkeiten, nur in umgekehrter Reihenfolge. Aus der Nettobedarfsrechnung hat sich ergeben, dass der Fertigungsauftrag am 04.05.2016 abgeschlossen sein muss. Dies ist der *Eckende*-Termin, der bereits aus Abbildung 5.2 und als Ausschnitt des Auftragskopfes auch aus Abbildung 5.7 ❶ hervorgeht.

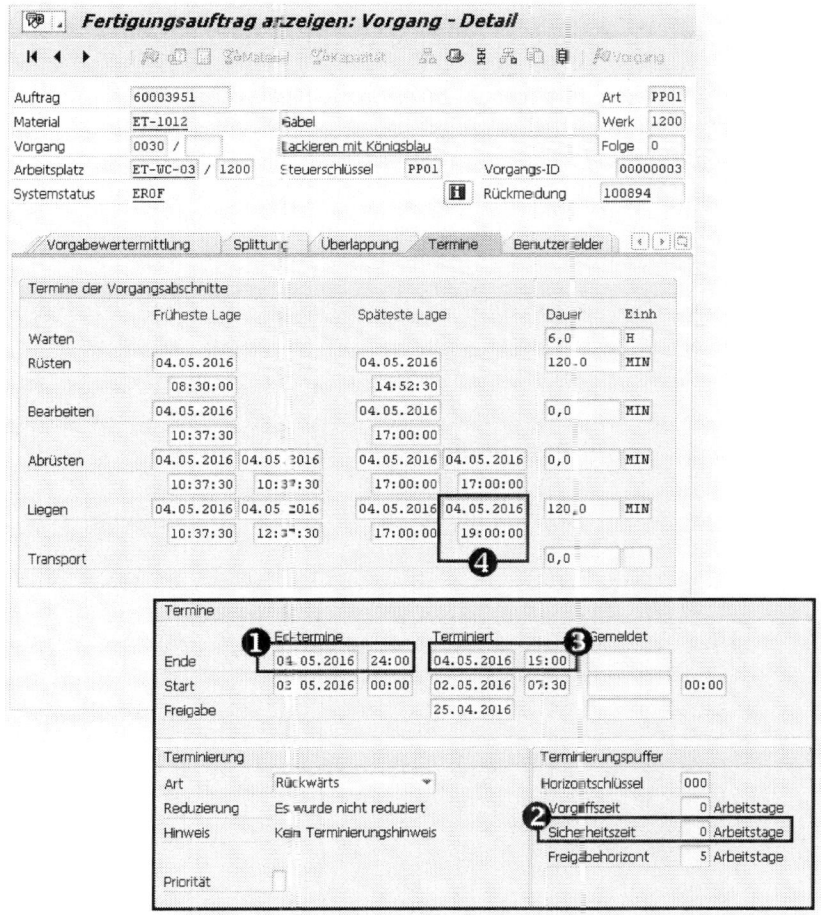

Abbildung 5.7: Vorgangstermine, Fertigungsauftrag Gabel

Weil im relevanten Horizontschlüssel keine SICHERHEITSZEIT hinterlegt ist ❷, schließt sich der terminierte Start an den *Eckende*-Termin an ❸. In unserem Beispiel ist dies der 04.05.2016 um 19:00 Uhr.

111

Dieser Termin ist gleichzeitig der letzte des VORGANGS 0030 ❹, dem dritten und letzten Produktionsschritt in diesem Auftrag. Bevor die Vorgänge Abrüsten, Bearbeiten und Rüsten terminiert werden, ist von diesem Datum ausgehend eine notwendige Liegezeit von 120 min. abzuziehen. Daraus ergibt sich, dass der Lackierer spätestens am 04.05.2016 um 14:52 Uhr seinen Arbeitsplatz für diesen Auftrag vorbereiten, sprich: rüsten muss. Vor dem Rüsten wird die Wartezeit, hier sechs Stunden, in die Berechnung mit einbezogen. Dadurch entsteht für den Vorgang eine früheste Terminlage, die genau sechs Stunden zu der spätesten Lage versetzt ist. Der Vorgang kann folglich frühestens am 04.05.2016 um 12:37 Uhr beendet werden und ist dafür am 04.05.2016 um 08:30 Uhr zu rüsten. An diese frühestmögliche Lage für das Rüsten schließt sich der vorhergehende Vorgang – 0020 (Lackieren mit Grundierung) – an. Diese Terminierungsschleife wiederholt sich für jeden Vorgang.

Über den frühesten Termin für das Rüsten im Vorgang 0010 (Schweißen) wird der terminierte Start bestimmt, wie Sie ihn im Auftragskopf sehen. Der Freigabetermin des Auftrags liegt schließlich um die im FREIGABEHORIZONT angegebene Anzahl von 5 Arbeitstagen vor dem terminierten Start. Er ist ein Steuerungsdatum für die Freigabe der Fertigungsaufträge, ähnlich dem Eröffnungstermin der Planaufträge.

Die Terminierung eines Fertigungsauftrags wird bei dessen Eröffnung, ebenso wie bei dessen Sicherung, automatisch durchgeführt. Sollten Sie dazwischen Änderungen vornehmen und eine Neuterminierung des Auftrags wünschen, können Sie dies durch einen Klick auf das zugehörige Symbol tun (siehe Abbildung 5.5).

5.3 Verfügbarkeitsprüfung

Der nächste Schritt, den ein Fertigungsauftrag durchläuft, ist die *Materialverfügbarkeitsprüfung*. Hierbei wird anhand eines Regelwerks ermittelt, ob die benötigten Komponenten am Bedarfstermin für diesen Auftrag zur Verfügung stehen.

Bei der sogenannten *Available-to-promise-(ATP-)Prüfung* (Prüfung des zusicherbaren Bestandes) werden, ausgehend vom aktuellen Bestand und den erwarteten Zugängen bis zum Bedarfstermin, die Mengen abgezogen, die schon für einen anderen Abgang im Rahmen einer Prüfung reserviert wurden. Die verbleibende Menge (ATP-Menge) steht dem Auftrag zur Verfügung. Wenn sie ausreicht, erhält der Auftrag den Status »MABS« (Material bestätigt). Die ATP-Menge wird reserviert, damit sie bei nachfolgenden Prüfungen anderer Aufträge als »nicht mehr verfügbar« erkennbar ist. Reicht der vorhandene Bestand nicht aus, erhält der Auftrag den Status »FMAT« (Fehlmaterial).

Bei dem Fertigungsauftrag, den wir für die Gabel (Material ET-1012) angelegt haben, sind bei der automatischen Prüfung Fehlteile identifiziert worden. Direkt aus der Meldung heraus können Sie die FEHLTEILEÜBERSICHT aufrufen, die Abbildung 5.8 zeigt. Wir sehen, dass die ATP-Prüfung für zwei Komponenten keine ausreichende Deckung ergab. Für das Material ET-2001 konnten 200 ST zum Bedarfstermin bestätigt werden. Die verbleibenden 200 ST sind als Fehlmenge erst einmal offen, denn wir wissen derzeit nicht, wann nachgeliefert wird – dies ist an dem BESTÄTIGTEN TERMIN (31.12.9999) erkennbar. Das MATERIAL ET-2011 ist am Bedarfstermin gar nicht verfügbar, dafür konnte das System aber ermitteln, dass am 09.05.2016 die gesamten 50 L verfügbar sein werden, daher wurde in dieser Zeile der BESTÄTIGTE TERMIN auf dieses Datum gesetzt.

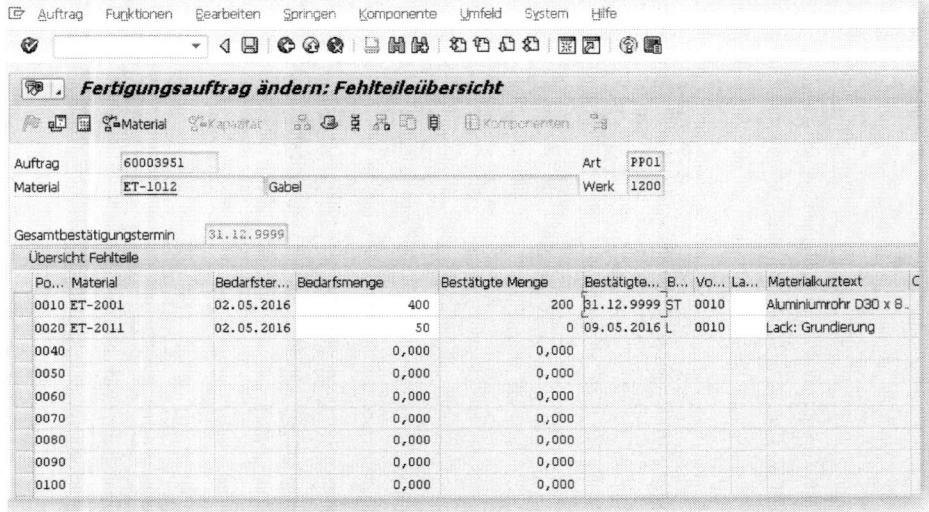

Abbildung 5.8: Fehlteileübersicht, Fertigungsauftrag Gabel

Uns interessiert an dieser Stelle, wie die Bestätigung für das Material ET-2011 erfolgt, und wir prüfen diese Komponente noch mal einzeln. Dazu markieren wir die Zeile und klicken auf Komponente. Wir bekommen zunächst einen Bestätigungsvorschlag angezeigt (siehe Abbildung 5.9). In diesem können wir noch nicht erkennen, wie das Ergebnis zustande kommt. Wir sehen im Prüfergebnis aber erneut, dass die BESTÄTIGUNG ZUM WUNSCHTERMIN nicht möglich ist, die VOLLSTÄNDIGE BESTÄTIGUNG erst zum 09.05.2016 erfolgen kann und es nur einen – den vollständigen – BESTÄTIGUNGSVORSCHLAG gibt. Wenn SAP Teilbestätigungen vorschlagen könnte, würden diese in diesem Abschnitt angezeigt, was aber in unserem Beispiel nicht zutrifft. Um in einer nachfolgenden Sicht die Detailinformationen, auf denen die Prüfung basierte, einzusehen, klicken wir auf den Button ATP-MENGEN.

FERTIGUNGSSTEUERUNG

Abbildung 5.9: Bestätigungsvorschlag, Lack: Grundierung

Die sich nun öffnende VERFÜGBARKEITSÜBERSICHT (siehe Abbildung 5.10) zeigt uns in der ATP-SITUATION, wie die Ergebnisse der Prüfung zustande kommen. Chronologisch werden hier ZUGANG/BEDARF für die relevanten Dispositionselemente dargestellt. Diese Form kennen wir bereits aus der Bedarfs-/Bestandsliste (vgl. Abschnitt 4.3); hier ist sie jedoch um die Spalten BESTÄTIGT und KUM. ATP-MG. (bezeichnet die zu diesem Zeitpunkt insgesamt verfügbare Menge) ergänzt.

Wir sehen, dass der Lagerbestand (W-BEST) von 50 L schon für eine Auftragsreservierung im April bestätigt worden ist, somit jedoch für unsere aktuelle Prüfung (dargestellt durch das Dispo-Element SI-BED) für den 02.05.2016 nicht mehr verfügbar ist. Erst am 09.05.2016 gibt es einen Zugang von 100 L durch eine Bestellung (BS-EIN). Dieser Warenzugang hat zu dem Bestätigungstermin, der im vorhergehenden Bild ersichtlich war, geführt.

FERTIGUNGSSTEUERUNG

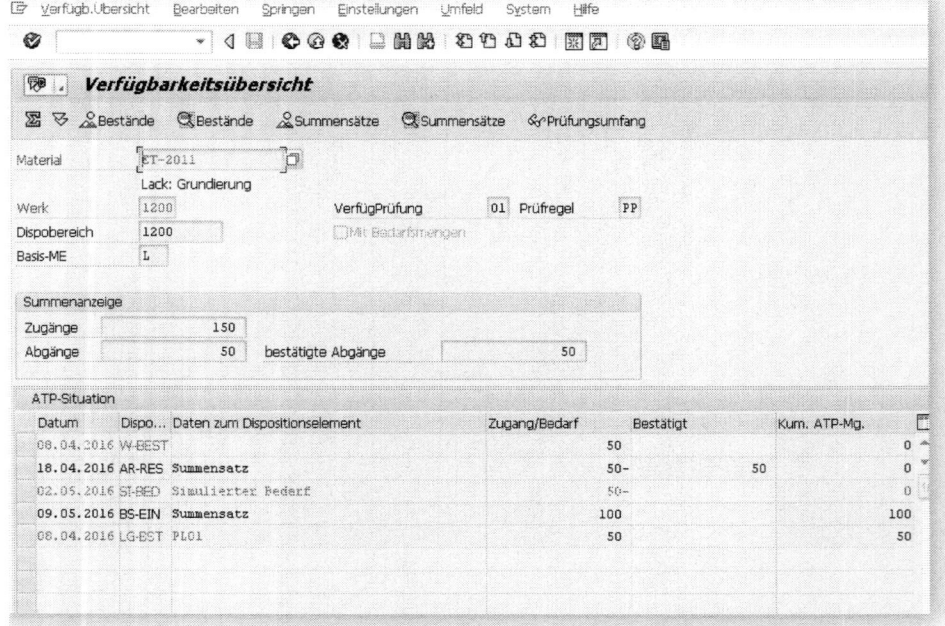

Abbildung 5.10: Verfügbarkeitsübersicht, Lack: Grundierung

5.4 Auftragsfreigabe

Sobald Planung und Auftragseröffnung abgeschlossen sind, sollte die Fertigung erfolgen. Den Startschuss hierfür stellt die *Auftragsfreigabe* dar. Erst hierbei bzw. (kurz) danach können die folgenden Tätigkeiten durchgeführt werden:

- ▶ Druck der Auftragspapiere,
- ▶ Buchung der Lagerentnahmen,
- ▶ Rückmeldung von Vorgängen und
- ▶ Buchung des Lagerzugangs.

Sie können die Freigabe interaktiv im Auftrag durchführen (siehe Abbildung 5.11), indem Sie die entsprechende Schaltfläche im Auftragskopf ❶ drücken. Dann ist direkt ersichtlich, wie sich der STATUS ❷ von EROF (eröffnet) zu FREI (freigegeben) ändert. Alle noch offenen Aktionen, die mit der Freigabe verknüpft sind, wie z. B. der automatische Druck, werden beim Speichern des Auftrags ❸ ausgeführt.

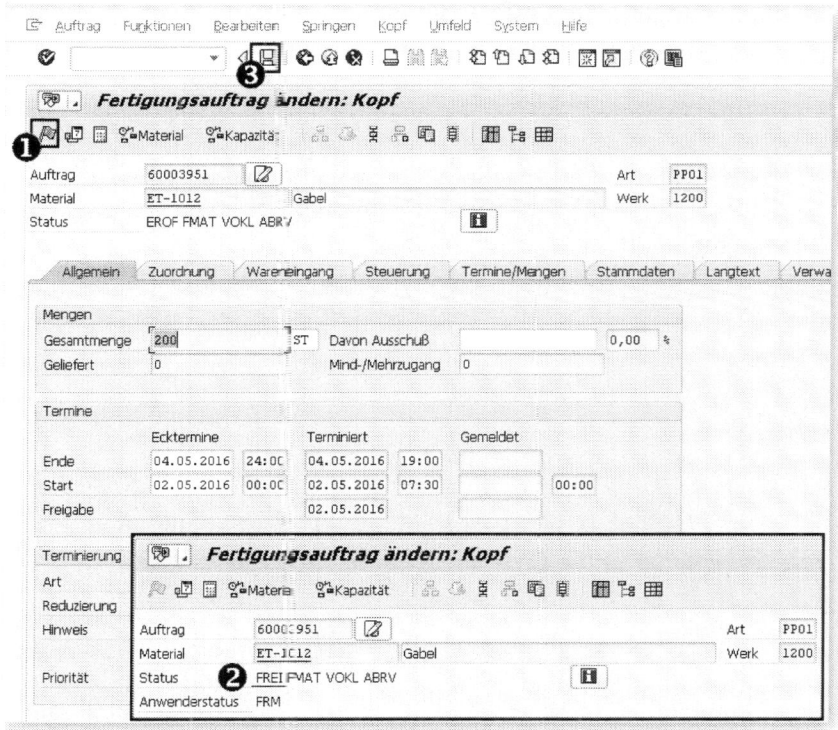

Abbildung 5.11: Auftragsfreigabe, Kopfsicht

Sie können alternativ auch eine Massenfreigabe mittels der Transaktion COO5N (SAP MENÜ • LOGISTIK • PRODUKTION • FERTIGUNGSSTEUERUNG • STEUERUNG) durchführen (Einstieg siehe Abbildung 5.12). Hierbei hilft insbesondere eine Einschränkung der Selektion basierend auf dem TERMINIERTEN FREIGABETERMIN ❶. So werden nur die Aufträge ausgewählt, die terminlich freigegeben werden sollen. Die Beschränkung auf unsere Fahrradteile erfolgt durch das PRODUKTI-

ONSWERK 1200 und den DISPONENTEN 000 ❷. Durch den Systemstatus ❸ können Sie die Selektion noch feiner steuern und vielleicht nur solche Aufträge auswählen, die keine Fehlteile mehr enthalten. Sie starten die Transaktion mit [F8] oder einem Klick auf ⊕.

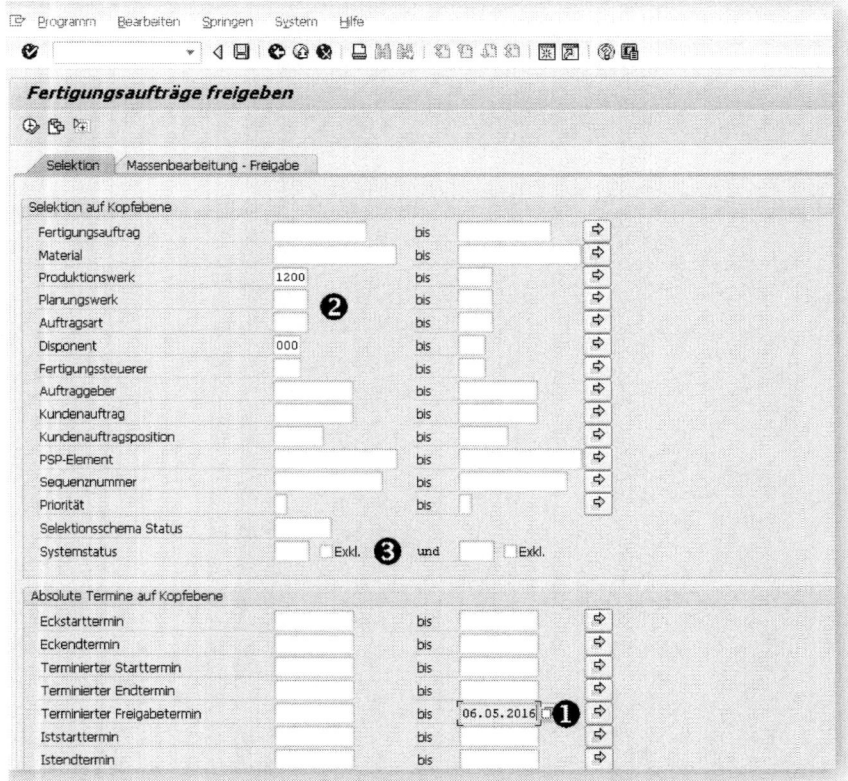

Abbildung 5.12: Einstieg Massenfreigabe Fertigungsaufträge CO05N

In der sich anschließenden Auftragsliste (siehe Abbildung 5.13) sind die AUFTRÄGE aufgeführt, die unserer Selektion entsprechen. Wenn alles in Ordnung ist und wir diese komplett freigeben wollen, markieren wir alle mit einem Klick auf die entsprechende Schaltfläche ❶ und starten die Freigabe anschließend mit der Taste für die MASSENBEARBEITUNG ❷.

Abbildung 5.13. Durchführung Massenfreigabe Fertigungsaufträge

5.5 Materialentnahme

Nach der Auftragsfreigabe müssen die Komponenten aus dem Lager entnommen werden. Die Buchung dieser Entnahme erfolgt mittels Transaktion MIGO (SAP MENÜ • LOGISTIK • MATERIALWIRTSCHAFT • BESTANDSFÜHRUNG • WARENBEWEGUNG) mit Bezug zum Fertigungsauftrag (siehe Abbildung 5.14). Wir wählen aus den Drop-down Menü die Optionen ❶ Warenausgang und Auftrag und geben in das dritte Feld unsere Auftragsnummer 60003951 ein. Aus unserer Auswahl hat das SAP ERP schon die richtige Bewegungsart 261 »WA für Auftrag« abgeleitet ❷ und zeigt sie uns an. Wir bestätigen die Eingabe der Auftragsnummer mit [Enter] und bekommen nun die Komponenten dieses Auftrags angezeigt.

119

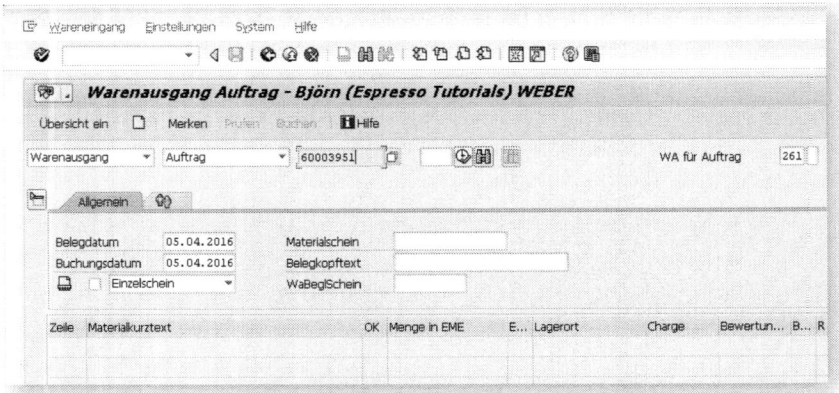

Abbildung 5.14: Erfassen des Warenausgangs, MIGO, Einstieg

Für jede Komponente des Fertigungsauftrags haben wir jetzt die Möglichkeit, die MENGE und den LAGERORT noch anzupassen (siehe Abbildung 5.15). Wenn wir mit den eingegebenen Werten zufrieden sind, markieren wir die Positionen, die jetzt gebucht werden sollen, mit OK und klicken auf den Button BUCHEN.

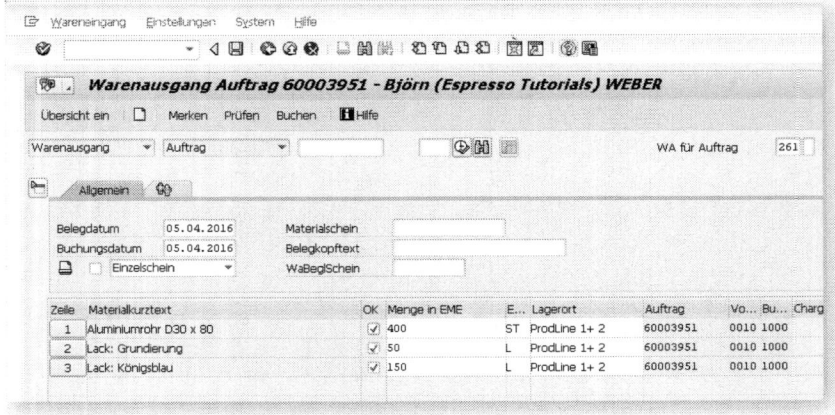

Abbildung 5.15: Erfassen des Warenausgangs, Auswahl der Komponenten

Die Buchung hat mehrere Auswirkungen:

- Der Bestand wird reduziert,
- der Bedarf abgebaut,
- der Auftrag mit den Ist-Kosten belastet und
- es werden ein Materialbeleg sowie ein Buchhaltungsbeleg zur Dokumentation der Materialbewegung erzeugt.

Sie können das Ergebnis der Buchung auch in der KOMPONENTENÜBERSICHT des Fertigungsauftrags nachvollziehen (siehe Abbildung 5.16). Hier finden Sie in den entsprechenden Spalten die ENTNOMMENE MENGE ❶ und ein Kennzeichen, das aussagt, ob die Position vollständig entnommen wurde ❷.

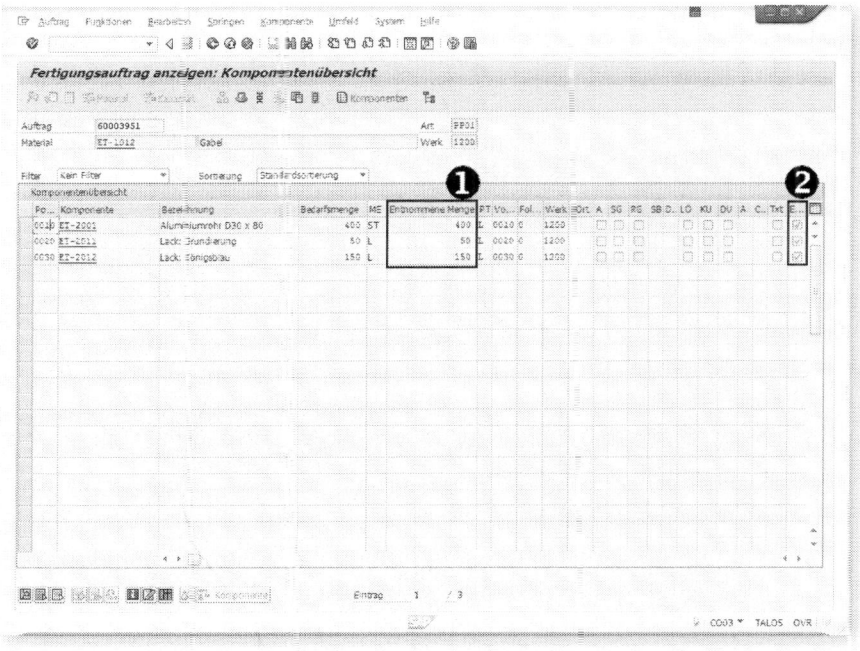

Abbildung 5.16: Fertigungsauftrag, Komponenten entnommen

Wenn bestimmte, regelmäßig benötigte Komponenten wie etwa Schrauben nicht im Lager, sondern am Montagearbeitsplatz vorrätig sind, ist eine Materialentnahme mittels retrograder Entnahme sinnvoller als eine Buchung im Lager.

> **Retrograde Entnahme**
>
>  Bei der retrograden Entnahme wird die Buchung des Materials mit der Rückmeldung des Vorgangs verknüpft. Wenn Sie einen Vorgang rückmelden, dem in der Komponentenzuordnung (vgl. Abschnitt 2.4) Materialien zugeordnet und diese als »retrograd entnehmen« gekennzeichnet worden sind, wird eine Materialentnahme in Höhe der von Ihnen eingegebenen Rückmeldemenge durchgeführt.

5.6 Rückmeldungen

Mithilfe der *Rückmeldung* erfassen Sie den Fertigungsfortschritt und machen ihn für andere Benutzer des ERP transparent. Dadurch können Sie Ihre Produktion überwachen und ggf. korrigierend eingreifen. Bei der Rückmeldung können Sie folgende Werte eingeben:

- ▶ Mengen,
- ▶ Leistungen,
- ▶ Termine,
- ▶ Personaldaten,
- ▶ Arbeitsplätze.

Schon anhand der retrograden Entnahme konnten Sie sehen, dass eine Rückmeldung mehr umfasst als nur die Dokumentation von Mengen und Leistungen. So werden z. B. anhand der gemeldeten Leistungen weitere Ist-Kosten auf den Fertigungsauftrag belastet. Auch kann die Rückmeldung eine automatische Warenzugangsbuchung des Auftrags auslösen, die einer retrograden Entnahme entgegengesetzt ist.

Die wohl gebräuchlichste Form der Rückmeldung ist der *Lohn-Rückmeldeschein*, den Sie mithilfe der Transaktion CO11N melden können (dargestellt in Abbildung 5.17). Hierbei starten Sie nach Beendigung eines Vorgangs die Transaktion und geben im Feld RÜCKMELDUNG ❶ die Rückmeldenummer des Vorgangs ein. Nach Betätigen der Eingabetaste lädt das ERP die Auftragsdaten und Sie können die Gut- und ggf. Ausschussmenge ❷ sowie die benötigte Leistung (Rüst-Maschinen und Personalanteile) ❸ bearbeiten. Die Rückmeldung wird durchgeführt, sobald Sie durch einen Klick auf das Disketten-Symbol ❹ speichern.

Teilrückmeldungen

Sie müssen nicht immer den gesamten Vorgang mit der kompletten Stückzahl zurückmelden. Denkbar ist auch eine Teilmeldung von Menge und Leistung am Ende der Schicht oder des Arbeitstages. Dadurch wird der aktuelle Abarbeitungsstand der Fertigung dokumentiert und ist für andere SAP-Benutzer nachvollziehbar.

FERTIGUNGSSTEUERUNG

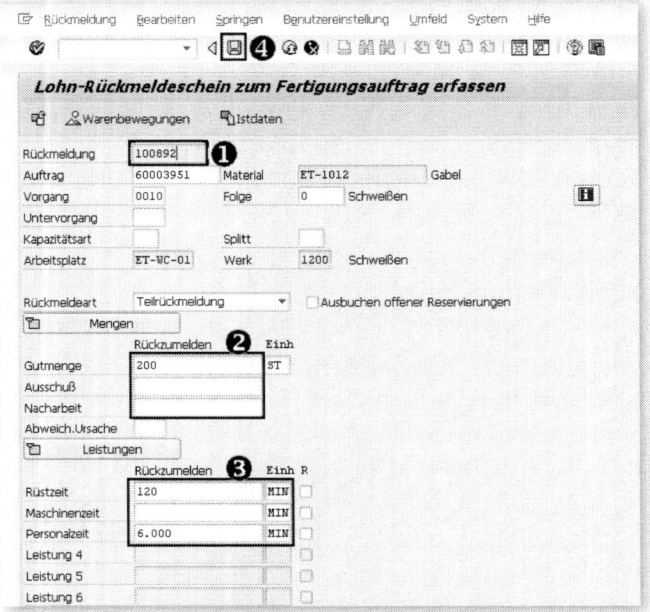

Abbildung 5.17: Erfassung der Rückmeldung CO11N

5.7 Wareneingang zum Fertigungsauftrag

Wir haben den Warenausgang der Komponenten im Abschnitt 5.5 erfasst, und ebenso müssen wir den Wareneingang des fertigen Materials buchen, wenn dieses im Lager eintrifft.

Dazu starten wir erneut die Transaktion MIGO (siehe Abbildung 5.18). Dieses Mal wählen wir aber die Funktionen Wareneingang und Auftrag und ergänzen wieder unsere Auftragsnummer. Das SAP ERP gibt uns auch hier wieder die richtige Warenbewegung 101 vor.

Nachdem wir die Auftragsnummer mit [Enter] bestätigt haben, wird in der ersten Zeile das Zielmaterial unseres Produktionsauftrags mit der Auftragsmenge angezeigt (siehe Abbildung 5.19). In den Positionsdetails können wir uns alle Daten noch einmal anschauen, bevor wir mit Klick auf den Button diese Warenbewegung BUCHEN.

FERTIGUNGSSTEUERUNG

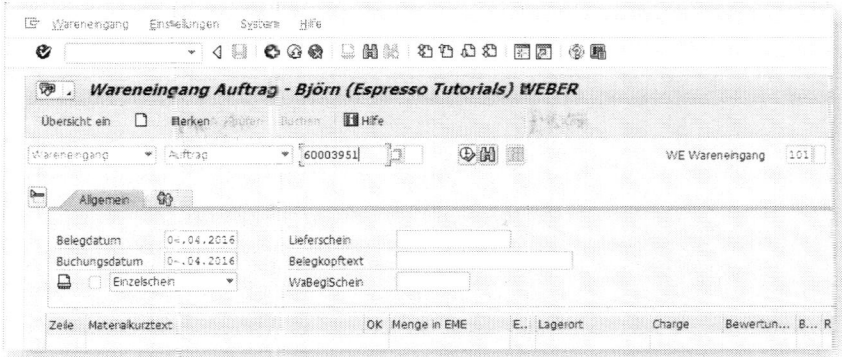

Abbildung 5.18: Erfassen des Wareneingangs, Einstieg MIGO

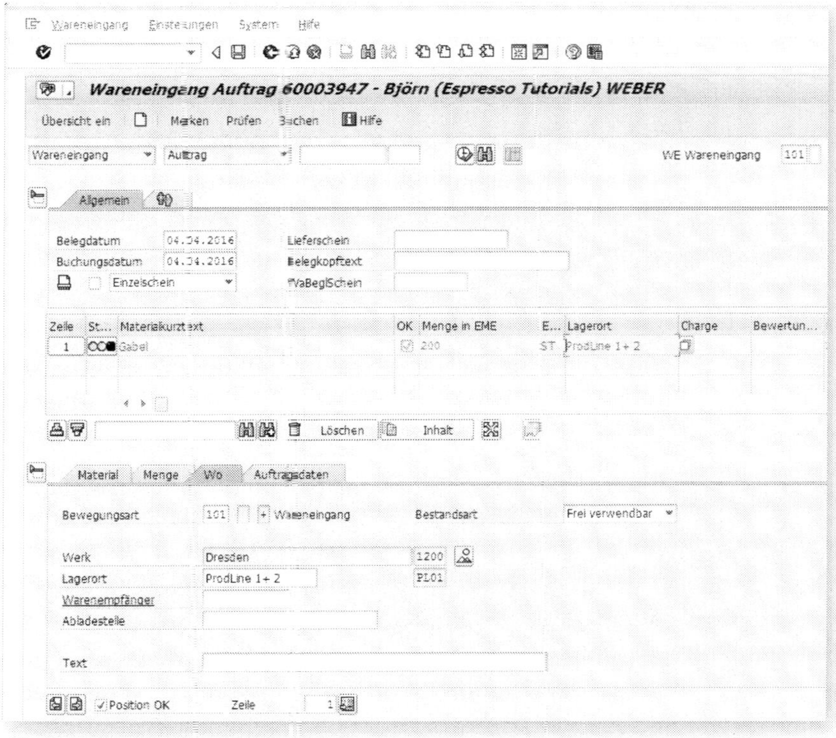

Abbildung 5.19: Erfassen Wareneingang, Abschluss MIGO

125

Diese Buchung hat folgende Auswirkungen:

- Der Materialbestand wird erhöht,
- die noch offene Zugangsmenge des Fertigungsauftrags reduziert,
- der Fertigungsauftrag von den Ist-Kosten entlastet, und es werden ein Materialbeleg sowie ein Buchhaltungsbeleg zur Dokumentation der Materialbewegung erzeugt.

> **Literaturhinweis**
>
>  Zu den Themen Materialbestand und -beleg finden Sie in »Bestandsführung und Kontenfindung mit SAP® ERP MM« von Ingo Licha erschienen bei Espresso Tutorials vertiefende Informationen.

Wir rufen den Fertigungsauftrag zur Kontrolle mit der Transaktion C003 auf und sehen in Abbildung 5.20 nun, dass dieser eine GELIEFERTE MENGE von 200 ST aufweist. Das heißt, die gesamte geplante Menge ist nun ans Lager geliefert worden.

FERTIGUNGSSTEUERUNG

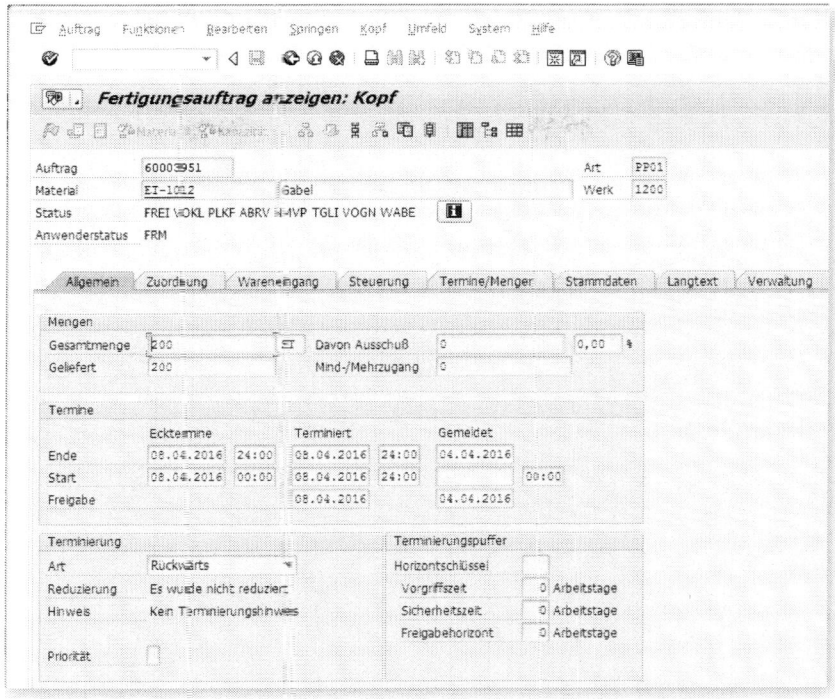

Abbildung 5.20: Fertigungsauftrag, gelieferte Menge

6 Kapazitätsplanung

Die für die Fertigung zu erbringende Leistung, der Kapazitätsbedarf, benötigt stets auch ein freies Kapazitätsangebot, um realisiert werden zu können. In diesem Kapitel zeige ich Ihnen, wie Sie einen Überblick über Ihre Kapazitätsauslastung erhalten und wie Sie mit begrenzten Kapazitäten effektiv planen können.

6.1 Kapazitätsauswertungen

Eine einfache Möglichkeit, einen Überblick über die Auslastung Ihrer Arbeitsplätze und Maschinen zu erhalten, ist eine Gegenüberstellung vom Kapazitätsbedarf Ihrer Aufträge und dem vorhandenen Kapazitätsangebot der Arbeitsplätze. Im SAP ERP ermöglichen u. a. die Transaktionen CM01 und CM02 (SAP MENÜ • LOGISTIK • PRODUKTION • KAPAZITÄTSPLANUNG • AUSWERTUNG • ARBEITSPLATZSICHT) diese Form der Auswertung.

Der Kapazitätsbedarf wird aus den im Arbeitsplan hinterlegten Vorgabewerten und der Auftragsmenge mithilfe der im Arbeitsplatz eingestellten Formel berechnet. Beachten Sie jedoch, dass es unterschiedliche Formeln für Terminierung und Kapazitätsberechnung gibt! Abgebaut wird der Kapazitätsbedarf in der Regel durch die Rückmeldung des entsprechenden Vorgangs. Dabei erfolgt die Aktualisierung des Bedarfs normalerweise entsprechend der rückgemeldeten Menge.

Das Kapazitätsangebot wird zu jeder bzw. für jede Kapazitätsart pro Arbeitsplatz gepflegt. Dazu geben Sie den Schichtplan des Arbeitsplatzes in den Stammdaten der Arbeitsplatzkapazität ein. Wenn kein Schichtplan gepflegt wird, können Sie auch mit dem Standardangebot arbeiten. Dieses ist grob eingestellt und für die Zukunft konstant, sodass keine Schwankungen (z. B. Urlaube) berücksichtigt werden können.

Wenn Sie sich einen Überblick über die Kapazitätsbelastung eines Arbeitsplatzes, bspw. des Schweißplatzes ET-WC-01, verschaffen wollen, verwenden Sie die Transaktion CM01. Im Einstiegsbild geben Sie für unser Beispiel den ARBEITSPLATZ ET-WC-01 sowie das WERK 1200 ein und bestätigen dies mit [ENTER]. Anschließend gelangen Sie in die Standardübersicht der Kapazitätsauswertung. Für jede Kalenderwoche sehen Sie hier die Summe der Bedarfe aus den Fertigungsaufträgen, das Kapazitätsangebot des Arbeitsplatzes sowie die daraus errechnete prozentuale Belastung. Wochen mit einer Belastung von über 100 % werden rot hinterlegt. Bei unserem Beispiel in Abbildung 6.1 ist der Arbeitsplatz in den Wochen 19 und 20 überlastet.

Wenn Sie wissen möchten, welche Aufträge zu dieser Überlastung führen, können Sie die gewünschten Perioden mit einem Flag ❶ markieren und anschließend über die Schaltfläche KAPADE-TAIL/PERIODE ❷ in eine Auflistung der einzelnen Aufträge gelangen.

Kapazitätsplanung: Standardübersicht

	Kapadetail/Periode ❷				

| Arbeitsplatz | ET-WC-01 | Schweißen | | Werk | 1200 |
| Kapazitätsart | 002 | Schweißen | | | |

Woche	Bedarf	Angebot	Belast.	freie Kap.	Einh.
15.2016	0,00	80,00	0 %	80,00	H
16.2016	0,00	80,00	0 %	80,00	H
17.2016	0,00	80,00	0 %	80,00	H
18.2016	4,50	64,00	7 %	59,50	H
19.2016	130,50	80,00	163 %	50,50-	H
20.2016	81,50	64,00	127 %	17,50-	H
21.2016	0,00	64,00	0 %	64,00	H
22.2016	0,00	80,00	0 %	80,00	H
23.2016	0,00	80,00	0 %	80,00	H
Gesamt >>>	216,50	672,00	32 %	455,50	H

Abbildung 6.1: Standardübersicht der Kapazitätsauswertung CM01

Diese Kapazitätsdetailliste unterscheidet sich im Aufbau nicht wesentlich von der, die Sie beim Aufruf der Transaktion CM02 erhalten. Der Unterschied zum Transaktionsaufruf besteht in den angezeigten Perioden. Wenn Sie aus CM01 abspringen, werden lediglich die von Ihnen markierten Wochen angezeigt (siehe Abbildung 6.2).

Rufen Sie dagegen die Kapazitätsdetails mit der Transaktion CM02 auf, sehen Sie alle Bedarfe der nächsten Wochen – im Vergleich zur CM01 ist hier kein Kapazitätsangebot abzulesen. In der Abbildung erkennen Sie auch, dass der Kapazitätsbedarf eines Auftrags entsprechend der Terminierung auf die einzelnen Wochen verteilt wurde.

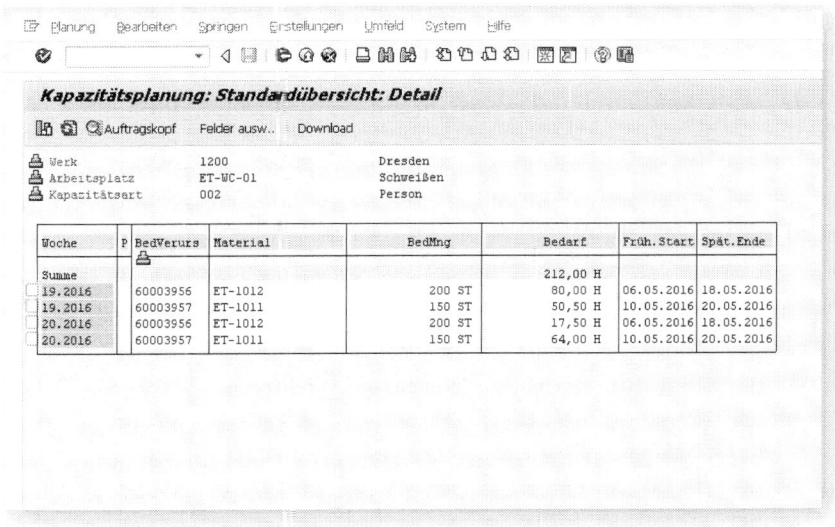

Abbildung 6.2: Kapazitätsdetails der Kapazitätsauswertung CM02

6.2 Kapazitätsabgleich

Wir haben im vorhergehenden Abschnitt erkannt, dass am Arbeitsplatz ET-WC-01 in zwei Kalenderwochen die Belastung das zur Verfügung stehende Kapazitätsangebot übersteigt – der Arbeitsplatz ist also überlastet. Sie werden im täglichen Betrieb auf unzählige solcher Situationen stoßen und jede wird etwas anders gestaltet sein. Daher gibt es auch nicht »die eine richtige« Lösung, wie mit solch einer Situation umzugehen ist bzw. der Kapazitätsabgleich auszusehen hat. Ich möchte Ihnen daher in diesem Teil nicht nur eine Transaktion vorstellen, sondern auch einige Möglichkeiten aufzeigen, für die Sie keine neue SAP-Funktion benötigen. Grundsätzlich gibt es zwei Ansätze, wie Sie die Belastung in den überlasteten Wochen reduzieren können:

▶ Sie können das Kapazitätsangebot erhöhen oder

▶ den Kapazitätsbedarf reduzieren.

Eine kurzfristige Erhöhung des Kapazitätsangebots können Sie in der Regel auf zwei Arten durchführen: Entweder Sie setzen eine zusätzliche Einzelkapazität ein – diese Option haben Sie zugegebenermaßen nur bei Personenarbeitsplätzen – oder die vorhandenen Arbeitskräfte müssen länger arbeiten, z. B. am Wochenende.

Steht Ihnen eine dieser Möglichkeiten offen, so können Sie im SAP-System die Transaktion CR12 aufrufen, um das Kapazitätsangebot zu verändern. Geben Sie im Einstiegsbild das WERK 1200, den ARBEITSPLATZ ET-WC-01 und die KAPAZITÄTSART 002 ein und bestätigen Sie mit der Eingabetaste. Im anschließenden Bild (siehe Abbildung 6.3) sehen Sie das eingestellte STANDARDANGEBOT. Davon ausgehend, dass wir einen dritten Schweißer haben, der in den beiden Wochen der Kapazitätsüberlastung eingesetzt werden kann, muss das Kapazitätsangebot entsprechend erhöht werden. Dazu klicken wir auf die Schaltfläche INTERVALLE UND SCHICHTEN ❶, um den auf diesem Arbeitsplatz geltenden Schichtplan anzupassen.

KAPAZITÄTSPLANUNG

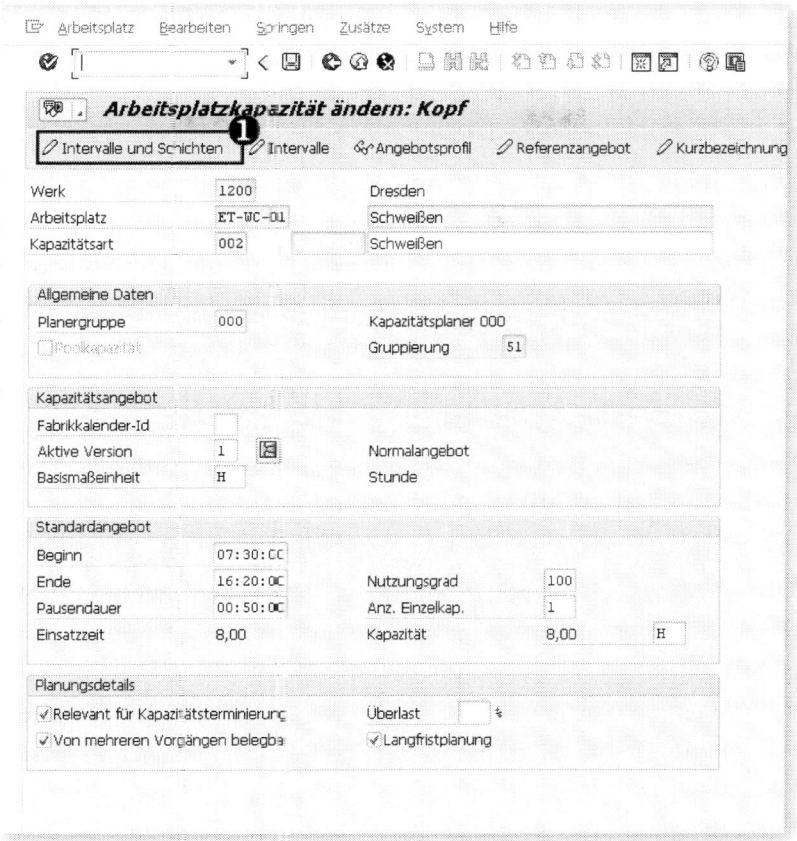

Abbildung 6.3: Arbeitsplatzkapazität ändern: Kopf

Wir erhalten daraufhin die Übersicht der Angebotsintervalle (siehe Abbildung 6.4). Im unteren Bereich ❶ der Darstellung sehen Sie alle Intervalle mit dem jeweils geltenden Schichtplan. Wir können hier erkennen, dass auf diesem Arbeitsplatz an fünf Tagen mit zwei Schichten gearbeitet wird – der Frühschicht F-11 und der Spätschicht S-11. Ursprünglich war nur jeweils eine Person je Schicht vorgesehen. Um aber das Kapazitätsangebot zu erhöhen, tragen wir in der Frühschicht »2« als Anzahl der Einzelkapazitäten ❷ ein. So arbeiten an diesem Arbeitsplatz drei Mitarbeiter in zwei Schichten.

133

KAPAZITÄTSPLANUNG

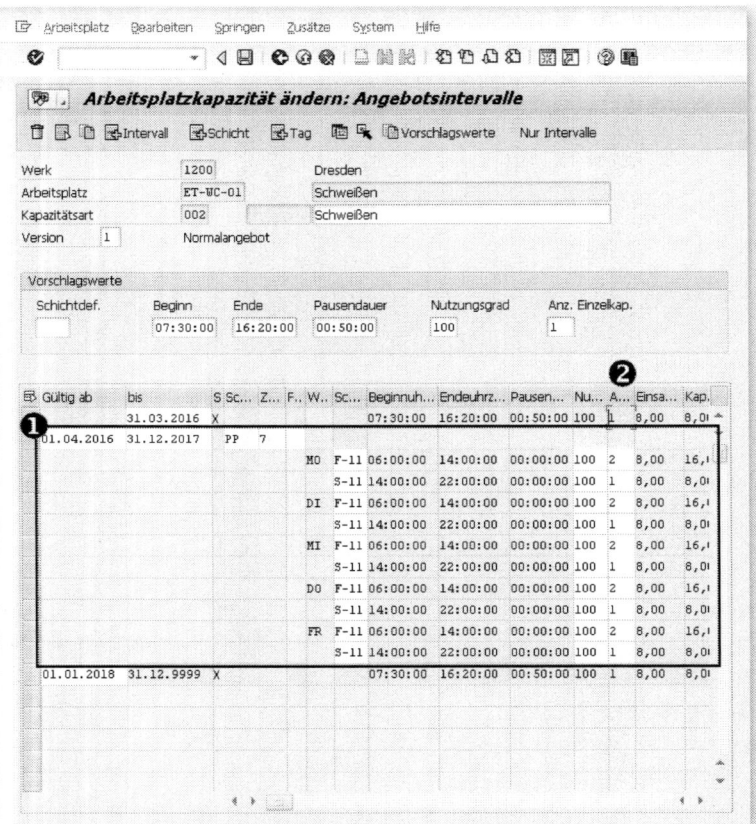

Abbildung 6.4: Kapazität ändern, Angebotsintervalle anpassen

Wir kontrollieren das Ergebnis unserer Kapazitätserhöhung, indem wir die Transaktion CM01 nochmals aufrufen (Abbildung 6.5). In der KW 19 liegt immer noch eine Überlastung vor, allerdings konnten wir diese von 163 % auf 109 % reduzieren. In KW 20 liegt gar keine Überlastung mehr vor. Im Gegenteil: hier sind jetzt sogar gut 14 H Kapazität frei. Die Produktion wird dadurch vermutlich in der Lage zu sein, die Überlast von KW 19 in KW 20 aufzuholen und so alle Aufträge rechtzeitig zu liefern. Der Einsatz eines dritten Mitarbeiters zur Kapazitätserhöhung wird also unseren Engpass in der Produktion beseitigen.

KAPAZITÄTSPLANUNG

Kapazitätsplanung: Standardübersicht

[Kapadetail/Periode]

| Arbeitsplatz | ET-WC-01 | Schweißen | | Werk | 1200 |
| Kapazitätsart | 002 | Schweißen | | | |

Woche	Bedarf	Angebot	Belast.	freie Kap.	Einh.
15.2016	0,00	120,00	0 %	120,00	H
16.2016	0,00	120,00	0 %	120,00	H
17.2016	0,00	120,00	0 %	120,00	H
18.2016	4,50	96,00	5 %	91,50	H
19.2016	130,50	120,00	109 %	10,50-	H
20.2016	81,50	96,00	85 %	14,50	H
21.2016	0,00	96,00	0 %	96,00	H
22.2016	0,00	120,00	0 %	120,00	H
23.2016	0,00	120,00	0 %	120,00	H
Gesamt >>>	216,50	1.008,00	22 %	791,50	H

Abbildung 6.5: Kapazitätsplanung: Standardübersicht

Anstatt einer Änderung des Kapazitätsangebots kann auch eine Anpassung der Kapazitätsbedarfe erfolgen. Hierzu können Sie einen Auftrag entweder auf einem alternativen Arbeitsplatz einplanen oder ihn terminlich verschieben. Das Vorgehen bei letzterer Option will ich Ihnen nachfolgend mithilfe der grafischen Plantafel des SAP ERP verdeutlichen.

Die *grafische Plantafel* starten Sie mit der Transaktion CM21. Im Einstiegsbild geben Sie das WERK 1200, den ARBEITSPLATZ ET-WC-01 und die KAPAZITÄTSART 002 ein. Nach Bestätigung mit der Eingabetaste öffnet sich die in Abbildung 6.6 dargestellte Übersicht. Der obere Teil des Fensters zeigt die bereits auf dem Arbeitsplatz fest eingeplanten Vorgänge. Im unteren Teil sehen Sie den Vorrat an noch nicht eingeplanten Aufträgen. In unserem Fall beinhaltet dieser die Aufträge für den Rahmen und für die Gabel. Wie bereits in Abschnitt 6.1 erläutert, treffen die Komponenten für die Gabel erst später ein, weshalb die Splittung des Vorgangs notwendig wurde. Daher planen wir diesen Auftrag ebenfalls zuerst ein.

Klicken Sie dazu auf den VORGANG ❶ und anschließend auf das Symbol EINPLANEN (❷, alternativ die Taste [F5]). Der Balken des Vorgangs befindet sich nun im Bereich der eingeplanten Vorgänge (siehe Abbildung 6.7, ❶).

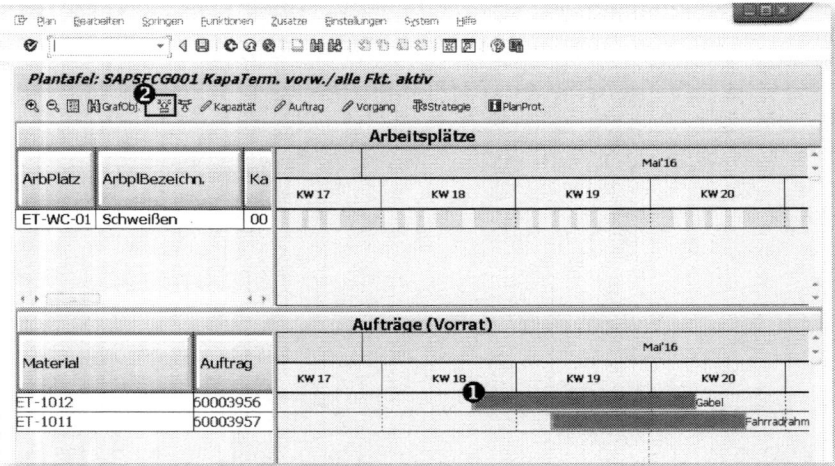

Abbildung 6.6: Grafische Plantafel, Ansicht vor dem Einplanen

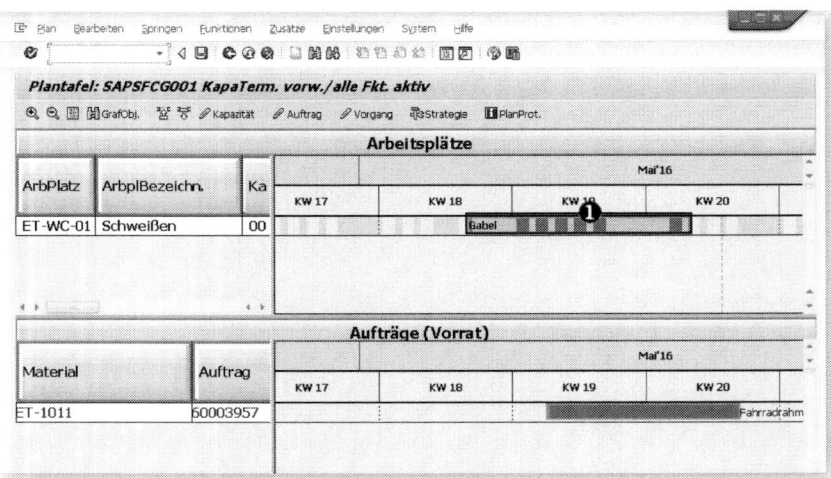

Abbildung 6.7: Grafische Plantafel, Gabel eingeplant

Da die GABEL im Moment die beiden Einzelkapazitäten des Arbeitsplatzes belegt, findet die Fertigung des Fahrradrahmens in KW 18, 19 und 20 keinen Platz mehr. Wenn Sie diesen Vorgang jetzt einplanen, wird er durch das SAP-System automatisch verschoben. In unserem Beispiel sind die Einstellungen so, dass der Vorgang vorgezogen werden würde, um den Rahmen noch vor der Gabel zu fertigen. Wenn Sie den Vorgang im VORRAT markieren und auf den EINPLANEN-Button klicken, wird er entsprechend eingeplant. Sie sehen in Abbildung 6.8, dass der Auftrag für den Rahmen nun bereits in KW 17 starten muss, da er vorgezogen worden ist. Um diese Reihenfolge zu sichern, klicken Sie einfach auf das Diskettensymbol. Erst damit wird die Umterminierung gespeichert.

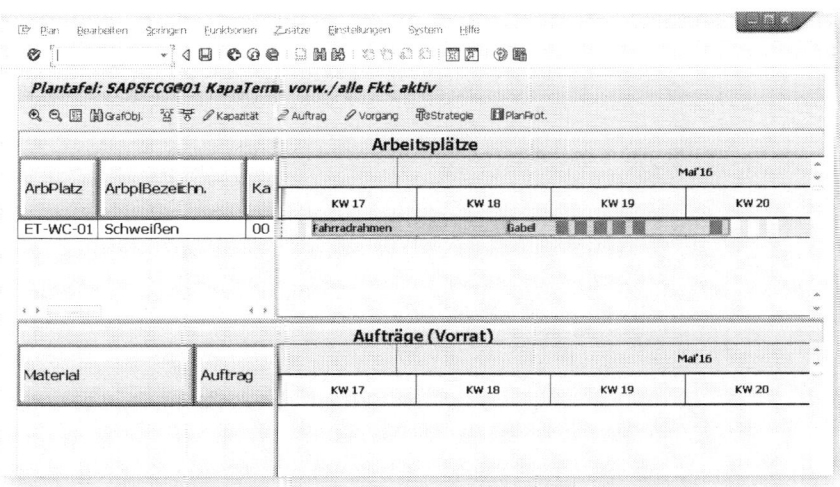

Abbildung 6.8: Grafische Plantafel, Fahrradrahmen und Gabel eingeplant

Zur Kontrolle, ob sich die Überlastungssituation wirklich aufgelöst hat, rufen Sie erneut die Transaktion CM01 auf. In Abbildung 6.9 sehen Sie, dass auch dieses Vorgehen die Überlastung beseitigt hat. Ob allerdings auch alle benötigten Komponenten zu diesem früheren Termin verfügbar sein werden, müssen Sie erneut separat prüfen (vgl. Abschnitt 5.3).

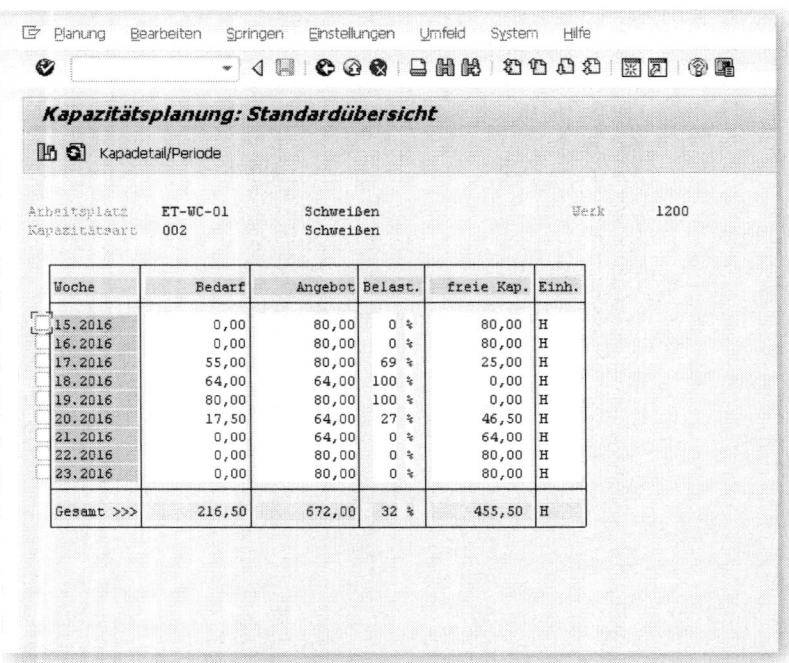

Abbildung 6.9: Kapazitätsplanung: Standardübersicht

7 Zusammenfassung

Für Betriebe aus dem verarbeitenden Gewerbe ist die Produktionsplanung *der* zentrale Prozess; nur wenn dieser effektiv und effizient abgebildet ist, kann ein Fertigungsunternehmen seine Ziele nachhaltig erreichen. Daraus lässt sich eine hohe Relevanz des Moduls PP für diese SAP-Kunden ableiten.

Ich habe versucht, Ihnen in diesem Buch den zugrunde liegenden Planungsansatz sowie dessen Methodik anschaulich zu erläutern. Sie konnten lernen, welche Stammdaten in die Planungsprozesse involviert und wie sie aufgebaut sind. Mithilfe unseres Fahrrad-Beispiels waren Sie in der Lage, die Absatz- und Produktionsgrobplanung sowie die Mengenbedarfsrechnung zu verfolgen und deren Ablauf nachzuvollziehen. Ich habe Ihnen dargelegt, wie wichtig Fertigungsaufträge für die losgebundene Produktion sind und welche Funktionen durch sie ausgeführt werden. Schlussendlich konnten Sie sich Wissen darüber aneignen, wie mithilfe des Kapazitätsabgleichs im SAP ERP eine kapazitive Reihenfolgeplanung realisiert werden kann.

Ich hoffe, Sie haben mit Unterstützung dieses Werks einen informativen Überblick über die Produktionsplanung im SAP ERP erhalten. Beim Lesen des Buches wurde Ihnen sicherlich bewusst, dass die Planungsprozesse viel detaillierter sind, als es im Rahmen einer Einführung dargestellt werden kann. Es wäre ohne Weiteres möglich, zu jedem Kapitel ein eigenes Buch zu füllen.

Sie haben sich für dieses Buch entschieden, weil Sie einen Schnelleinstieg und eine Übersicht gesucht haben. Falls Sie sich nach der Lektüre noch tiefgründiger mit der Thematik beschäftigen möchten, so kann ich Ihnen nur empfehlen, sich in eigenen praktischen Übungen auszuprobieren. Bleiben Sie neugierig! Wenn Sie Student sind, können Sie an Ihrer Hochschule nachfragen, ob diese Zugang zu einem IDES (International Demonstration and Education System) hat. Sollten Sie Arbeitnehmer sein, dann fragen Sie in Ihrer Firma nach einem Zugang zu einem IDES oder Testsystem. Zudem wird Ihnen in jedem SAP-System durch Betätigen der Taste (F1) ein schneller und unkomplizierter Zugang zur Hilfe/Dokumentation gewährt. Alternativ dazu können Sie jederzeit die Onlinehilfe von SAP unter *http://help.sap.com* nutzen.

Wie auch immer: Ich freue mich, wenn ich Ihnen mit dem in diesem Buch vermittelten Grundlagenwissen eine gute Ausgangsbasis für Ihre detailliertere, weiterhin interessierte Beschäftigung mit dem Thema »Produktionsplanung« schaffen konnte.

Die E-Book-Flatrate für unsere
digitale SAP-Bibliothek

Mobil, flexibel und praxisnah!

Mehr Informationen unter:
http://onleihe.espresso-tutorials.com

Sie haben das Buch gelesen und sind mit unserem Werk zufrieden? Bitte schreiben Sie uns eine Rezension!

Unser Newsletter

Wir informieren Sie über Neuerscheinungen und exklusive Gratisdownloads in unserem Newsletter.

Melden Sie sich noch heute an unter *http://newsletter.espresso-tutorials.com*

A Über den Autor

Björn Weber ist SAP Inhouse Consultant bei der Müller Service GmbH und dort IT-Verantwortlicher für die SAP-Module PP und PP-PI. Er verfügt über detailliertes Fachwissen in den Bereichen Prozessanalyse, Lean Management sowie Produktions- und Kapazitätsplanung. Er unterstützt in seiner Funktion europaweit die Fachbereiche bei der Umsetzung von Projekten für den Aufbau und die Optimierung neuer bzw. bestehender Geschäftsprozesse.

Zuvor war er als Produktionsplaner bei der Röhm GmbH, einem der weltweit führenden Hersteller für Spanntechnik, tätig und dort als Projektleiter für die Weiterentwicklung der Planungsorganisation und -prozesse im Zusammenspiel des SAP ERP und der Feinplanungssoftware wayRTS zuständig.

Als Autor ist es ihm besonders wichtig, Expertenkenntnisse möglichst praxisnah und gut verständlich zu vermitteln und die Leser mit den Möglichkeiten zu fesseln, die beispielsweise der Umgang mit SAP für die Weiterentwicklung in Unternehmen bietet, gerade in Zeiten sich wandelnder Märkte. Privat widmet er sich gern politischer und zeitgenössischer Literatur oder seinem großen Hobby: der Fotografie.

Ebenfalls im Verlag Espresso Tutorials erschienen ist sein Buch »Bedarfsplanung in der Produktion mit SAP® PP«.

B Index

A

Abrüsten 110
Absatzmenge 74
Absatzzahlen 57, 66
Arbeitskalender 75, 77
Arbeitsplan 41, 45, 48, 54, 55, 103, 104, 105, 108, 129
   Alternativfolge 51
   Arbeitsfolge 50
   Linienarbeitsplan 49
   Normalarbeitsplan 48, 105
   Parallelfolge 50
   Stammfolge 50
   Standardarbeitsplan 49
   Standardlinienplan 49
   Steuerschlüssel 51
   Vorgang 51
Arbeitsplatz 39, 45, 55, 108, 129, 132, 135
   -Art 40
   -gruppe 64
   -kapazität 42
Assemble-to-Order 16
Auftragsbericht 97

B

Bedarfe 85
   Primär- 85
   Sekundär- 85
   Tertiär- 85
   Zusatz- 85

Bedarfsart 80
Bedarfsdeckung 55, 97
Bedarfsliste
   Zusatzfunktionen 99
Bedarfsplanung 76, 78, 82, 85
   Analyse 94
Bedarfsübergabe 76
Berechnungsvorschrift 46
Beschaffungsmenge 89
Beschaffungsvorschlag 26
Bestandsliste 90, 91, 92, 98, 115
Bestandsrisiko 16
Bruttobedarfsplanung 88

C

CO-PA 66

D

Disaggregation 76, 78
Disposition 85, 99
   verbrauchsgesteuerte 94
Dispositionsliste 89, 94
Dispositionsprofil *Siehe* Materialstamm
Dispositionssicht 26
Dispositionsstufe 88
Durchlaufzeit 86, 90

145

E

Engineer-to-Order 16
Engpass 13, *Siehe*
 Grobplanung
Entnahmemenge 81

F

Favoriten
 anlegen 96
Fehlteil *Siehe*
 Material:Fehlmaterial
Fertigungsauftrag 97, 100, 103, 104
 Kopfdaten 105
Fertigungssteuerung 14, 100, 103
Freigabe 107, 112, 116
 Massen- 117

G

grafische Plantafel 135
Grobplanung 12, 15, 56, 57
 allgemeine Daten 64
 Anteilsberechnung 59
 Engpass 62
 Hierarchien 57
 Profil 61
 Profil anlegen 62
 Ressourcen 64

H

Horizontschlüssel 108, 111

K

Kapazität
 logische 15
 Poolkapazität 44
Kapazitätsangebot 44, *61*, 75, 129
 erhöhen 132
 verbessern 67
Kapazitätsart 43, 45
Kapazitätsauslastung *76*
Kapazitätsbedarf 43, 61, 65, *75*, 129, 131
 anpassen 135
 Ermittlung 40
Kapazitätsbelastung 129
Kapazitätsplanung 14, 129
 Detailliste 131
Komponentenausschuss 36
Komponentenzuordnung 55
Kosten, direkte 62
Kostenberechnung 40
Kostenstelle 46
Kundenentkopplungspunkt 15

L

Liegezeit 53, 110, 112
Losgröße 92
Losgrößen
 -bereich 38
 -verfahren 90

M

Make-to-Order 16
Make-to-Stock 15
Manufacturing Resource Planning 11
Material 58, 62, 96, 99, 105, 107
 entnehmen 119

entnehmen, retrograd 122
Fehlmaterial 113
suchen/selektieren 94
Material Requirements
  Planning 13
Materialbedarfsplanung 92
Materialplanung 87
Materialstamm 80, 81, 86, 96,
  103, 108
  Arbeitsvorbereitung 33
  Arbeitsvorbereitungssicht
    32
  Dispositionsprofil 26
  Dispositionssicht 24
  Sichten anlegen 25
  Werte pflegen 36
Menge, verrechnete 81
Mengenaufteilung
  hierarchisch 76

N

Net-Change-Planung 87
Nettobedarfsrechnung 27, 88,
  96, 111

O

Ortsgruppe 45

P

Personalzeit 52
Planauftrag 85, 86, 89, 90,
  92, 97, 99, 100, 108
  umwandeln 100
Planmenge 81
Planprimärbedarf 13, 17, 29,
  30, 79, 80

Planung
  absatzsynchron 67
  flexible 57
  mit Ziellagerbestand/-
    reichweite 67
Planungskonzept 11
Planungsmappe 66
Planungsstrategie 15
Planungsszenario 77
Planungsvormerkung 87
Positionswert 81
Produktgruppe 58, 62, 77, 79,
  99
  ändern (Transaktion) 59
  dispositionsrelevante 58
Produktionsgrobplanung *Siehe*
  Grobplanung
Produktionshäufigkeit 77
Produktionslose *Siehe*
  Planauftrag
Produktionsmenge 67, 74
  verschieben 67
Prognose 67, 69
  Ablauf- und
    Fehlermeldungsprotokoll
    73
  Ex-post- 72
  -modelle, Literaturhinweis
    67
Programmplanung 58, 76, 79
Pufferzeit 105, 109, 111

R

Ressourcen 77
  -bedarf 13, 64
  -belastung 74

147

INDEX

Restmenge 92
Rückmeldung 105, 122, 129
  Teil- 123
Rüsten 110, 112
Rüstzeit 52

S

Schichtangebot 44
Schichtplan 133
Sekundärbedarf 90, 91
Seriennummer 82
Spalten anordnen 106
Stammdaten 18
Standard-SOP 66
  Planungstableau 69
Stückliste 24, 35, 54, 55, 86, 88, 90, 97, 104, 107
  hinterlegen 36
  Konzernstückliste 39
  Steuerparameter 36
Stücklistenstufe 62

T

Tabelle
  Produktionsstrategie 17
Terminierung 40, 45, 53, 104, 105, 107, 108, 131
  -sschleife 112
Termintreue 17
Transport 53, 110

U

Überlastung 67, 130, 132, 134, 137
Überproduktion 16
Unterdeckung 16, 88, 89, 90, 91, 113

V

Verbrauchsdaten 96
Verfügbarkeitsprüfung 30, 112
Verfügbarkeitsübersicht 115
Vergangenheitsdaten 69
Verrechnungsintervall 29
Verrechnungsmodus 29
Vertriebsinformationssystem 66
Vorgangsdetail 106
Vorlagenschlüssel 41
Vorplanbedarf 30, 56, 80
Vorplanung 15, 99
Vorplanungsverhalten 29
Vorschlagswert 41

W

Warenausgang 81
  erfassen 119
Wareneingang
  erfassen 124
Wartezeit 45, 110, 112
Wertschöpfungskette 15

C Transaktionsübersicht

CA01	Normalarbeitspläne anlegen
CA02	Normalarbeitspläne ändern
CA03	Normalarbeitspläne anzeigen
CM01	Kapazitätsauswertung Belastung
CM02	Kapazitätsauswertung Aufträge
CM21	Kapazitätsabgleich Plantafel grafisch
CO01	Fertigungsauftrag mit Material anlegen
CO02	Fertigungsauftrag ändern
CO03	Fertigungsauftrag anzeigen
CO05N	Sammelfreigabe Fertigungsauftrag
CO11N	Lohn-Rückmeldeschein erfassen
CO41	Sammelumsetzung PAUF in FAUF
CR01	Arbeitsplatz anlegen
CR02	Arbeitsplatz ändern
CR03	Arbeitsplatz anzeigen
CR12	Kapazität ändern
CR13	Kapazität anzeigen
CS01	Materialstückliste anlegen
CS02	Materialstückliste ändern
CS03	Materialstückliste anzeigen
MC35	Grobplanungsprofil anlegen
MC36	Grobplanungsprofil ändern
MC37	Grobplanungsprofil anzeigen
MC75	Übergabe an die Programmplanung (Produktgruppe)
MC81	Planung für Produktgruppe anlegen

149

MC82	Planung für Produktgruppe ändern
MC83	Planung für Produktgruppe anzeigen
MC84	Produktgruppe anlegen
MC85	Produktgruppe anzeigen
MC86	Produktgruppe ändern
MD04	Bedarfs-/Bestandsliste
MD05	Dispoliste
MD06	Dispoliste Sammelanzeige
MD07	Bedarfs-/Bestandsliste Sammelanzeige
MD44	Planungssituation Material
MD48	Planungssituation alle Werke
MD61	Planprimärbedarf anlegen
MD62	Planprimärbedarf ändern
MD63	Planprimärbedarf anzeigen
MD67	Rollierende Aufteilung
MIGO	Warenbewegung erfassen
MM01	Material anlegen (sofort)
MM02	Material ändern (sofort)
MM03	Material anzeigen (akt. Stand)

D Disclaimer

Die in diesem Werk wiedergegebenen Gebrauchsnamen, Handelsnamen, Warenbezeichnungen usw. können auch ohne besondere Kennzeichnung Marken sein und als solche den gesetzlichen Bestimmungen unterliegen. Sämtliche in diesem Werk abgedruckten Bildschirmabzüge unterliegen dem Urheberrecht der SAP SE, Dietmar-Hopp-Allee 16, 69190 Walldorf.

In dieser Publikation wird auf Produkte der SAP SE Bezug genommen. SAP, R/3, SAP NetWeaver, Duet, PartnerEdge, ByDesign, SAP BusinessObjects Explorer, StreamWork und weitere im Text erwähnte SAP-Produkte und Dienstleistungen sowie die entsprechenden Logos sind Marken oder eingetragene Marken der SAP SE in Deutschland und anderen Ländern. Business Objects und das Business-Objects-Logo, BusinessObjects, Crystal Reports, Crystal Decisions, Web Intelligence, Xcelsius und andere im Text erwähnte Business-Objects-Produkte und Dienstleistungen sowie die entsprechenden Logos sind Marken oder eingetragene Marken der Business Objects Software Ltd. Business Objects ist ein Unternehmen der SAP SE. Sybase und Adaptive Server, iAnywhere, Sybase 365, SQL Anywhere und weitere im Text erwähnte Sybase-Produkte und -Dienstleistungen sowie die entsprechenden Logos sind Marken oder eingetragene Marken der Sybase Inc. Sybase ist ein Unternehmen der SAP SE. Alle anderen Namen von Produkten und Dienstleistungen sind Marken der jeweiligen Firmen. Die Angaben im Text sind unverbindlich und dienen lediglich zu Informationszwecken. Produkte können länderspezifische Unterschiede aufweisen.

Der SAP-Konzern übernimmt keinerlei Haftung oder Garantie für Fehler oder Unvollständigkeiten in dieser Publikation. Der SAP-Konzern steht lediglich für Produkte und Dienstleistungen nach der Maßgabe ein, die in der Vereinbarung über die jeweiligen Produkte und Dienstleistungen ausdrücklich geregelt ist. Aus den in dieser Publikation enthaltenen Informationen ergibt sich keine weiterführende Haftung.

Weitere Bücher von Espresso Tutorials

Daniel Niemeyer:

Schnelleinstieg in SAP® SRM – Supplier Relationship Management

- ▶ Operativer Bestellprozess
- ▶ Technische Architektur von SRM
- ▶ Kontraktverwaltung und -verteilung
- ▶ Supplier Lifecycle Management

http://5032.espresso-tutorials.com

Ilona Bauer:

Preisfindung und Konditionstechniken in SAP® SD

- ▶ Grundlagen der Preisfindung in SAP ERP
- ▶ Umsetzung eigener Preisfindungsstrategien
- ▶ Konditionstechniken in der Preisfindung
- ▶ Analyse der Preisfindung

http://5039.espresso-tutorials.com/

Christine Kühlberger:

Schnelleinstieg in die SAP®-Vertriebsprozesse (SD)

- ▶ Darstellung des Vertriebsprozesses anhand eines durchgängigen Beispiels
- ▶ Überblick über die Organisationseinheiten im Vertrieb
- ▶ Erläuterung der wesentlichen Stammdaten
- ▶ Anlegen von Auswertungen

http://5007.espresso-tutorials.com/

Björn Weber:

Bedarfsplanung in der Produktion mit SAP® PP

- ▶ Analyse der Bedarfs-/Bestandssituation
- ▶ Customizing der Bedarfsplanung
- ▶ Zusammenhänge zwischen den Werksparametern
- ▶ Durchführung der Planungsprozesse

http://5057.espresso-tutorials.com

Simone Bär:

SAP® Agenturgeschäft (LO-AB): Zentralregulierung, Bonus und Provision

- ▶ Das leistet die Business Function »Agenturgeschäft«
- ▶ Aufbau auf den vorhandenen Organisations- und Stammdaten
- ▶ Integrierte Abbildung von Zentralregulierung, Provisionen, Boni
- ▶ Praxisbeispiele für verschiedenste Anwendungsfälle

http://5061.espresso-tutorials.com

Claudia Jost:

Schnelleinstieg in die SAP®-Einkaufsprozesse (MM) – 2. Auflage

- ▶ Kompaktes Handbuch für den Einkaufsprozess mit SAP
- ▶ Stammdaten, Bestellanforderung, Wareneingang und Rechnungsprüfung
- ▶ Erleichterungen und Prozessoptimierungen für den Arbeitsalltag
- ▶ 2. erweiterte Auflage inklusive Freigabeprozess und Gutschriftsverfahren

http://5070.espresso-tutorials.de

Ingo Licha:

Einkaufsorientierte Bedarfsplanung mit SAP®

- ▶ Bestellpunktdisposition, stochastische und rhythmische Disposition
- ▶ Materialstammdaten, inklusive Losgrößen und deren Berechnung
- ▶ Planung, Planverlauf, Bedarfs- bzw. Bestandslisten (MD04) und Prognosen
- ▶ Customizing der Grundeinstellungen und Prozesse

http://5084.espresso-tutorials.com

Andreas Jansen:

Schnelleinstieg in das SAP®-Produktkostencontrolling (CO-PC)

- ▶ SAP ERP-Produktkostenrechnung Schritt für Schritt erklärt
- ▶ Stammdaten, Kalkulationsvarianten und Erzeugniskalkulation kompakt dargestellt
- ▶ Details zum integrativen CO-Wertefluss
- ▶ Durchgängig illustriertes Fallbeispiel

http://5099.espresso-tutorials.de

Tobias Götz, Anette Götz:

Practical Guide to SAP® Transportation Management (2nd edition)

- ▶ Supported business processes
- ▶ Best practices
- ▶ Integration aspects and architecture
- ▶ Comparison and differentiation to similar SAP components

http://5082.espresso-tutorials.com

Mehr Wert für Ihr SAP®!

Was unsere Arbeit auszeichnet, ist die Fähigkeit, uns in die Situation jedes Kunden hineinzudenken.

Nach 15 Jahren Projektarbeit stehen wir an fünf Standorten in der Schweiz und Deutschland unseren Kunden mit »congenialen« Lösungen für den gesamten Lebenszyklus ihrer SAP®-Systeme zur Verfügung.

Spezialisten sind wir für die Bereiche:

- ▶ Basis
- ▶ Rechnungswesen
- ▶ Logistik
- ▶ Business Intelligence

Interesse?

Besuchen Sie uns unter *www.consolut.com* oder schreiben Sie an info@consolut.com.

solutions + value